WUTAI FUZHUANG SHEJI
YU SHIJIAN

舞台服装设计
与实践

赵邹娜 ◎著

中国书籍出版社
China Book Press

图书在版编目（CIP）数据

舞台服装设计与实践 / 赵邹娜著 . -- 北京 : 中国
书籍出版社 , 2024. 9. -- ISBN 978-7-5241-0031-7

Ⅰ . TS941.735

中国国家版本馆 CIP 数据核字第 20248SJ921 号

舞台服装设计与实践

赵邹娜　著

图书策划	尹　浩　李若冰	
责任编辑	吴化强	
责任印制	孙马飞　马　芝	
出版发行	中国书籍出版社	
地　　址	北京市丰台区三路居路 97 号（邮编：100073）	
电　　话	（010）52257143（总编室）　（010）52257140（发行部）	
电子邮箱	eo@chinabp.com.cn	
经　　销	全国新华书店	
印　　刷	廊坊市博林印务有限公司	
开　　本	710 毫米 ×1000 毫米　1/16	
字　　数	219 千字	
印　　张	11.5	
版　　次	2025 年 1 月第 1 版	
印　　次	2025 年 1 月第 1 次印刷	
书　　号	ISBN 978-7-5241-0031-7	
定　　价	63.00 元	

前　言

　　舞台服装设计需要设计师具有艺术的敏感性与创造性，以及对舞台表演的实际需求有深刻的理解。通过精湛的设计，服装不仅为角色增色添彩，更成为戏剧中不可或缺的表达工具。随着戏剧舞台演出需求的日益增加，人们对舞台服装的设计与制作也越来越重视，研究舞台服装设计将关系到服装设计构思的实现与演出艺术视觉效果的达成。鉴于此，笔者在翻阅大量文献资源及相关实践的基础上，精心撰写了《舞台服装设计与实践》一书，以期为当代舞台服装设计与实践略尽绵薄之力。

　　本书共有六章。第一章从舞台服装设计的发展历程出发，具体介绍了舞台服装设计的基础理论知识，并分析了舞台服装与其他戏剧元素的关系。第二章主要介绍了中西服装发展的演变。第三章就舞台服装的风格样式、造型要素、形式美法则，以及效果图的多种表现技巧进行了介绍。第四章主要阐述了舞台服装的造型实践，分别是平面制版实践与立体剪裁实践。其中，平面制版主要以中国传统服饰为主要内容，立体剪裁则包括基本原理、操作工具、具体步骤、操作原理与方法的阐述。第五章主要围绕服装制作展开分析研究，帮助读者理解服装从概念到实物的实现。第六章探讨舞台服装设计的未来发展。

　　以往的舞台服装设计教学大多以基础训练和效果图技法表现为主，由于不懂得服装结构往往导致很多设计不一定能实现，只能停留在纸面上。本书注重理论与实践的结合，希望从服装设计的基础知识出发，带领读者从理论层面逐步走向实践阶段，通过丰富的实例激发读者的阅读兴趣，增强读者对舞台服装的认知与理解，同时促使读者学以致用。与此同时，书中与舞台服装相关的技术讲解都是通过实际造型制作案例来解读的，从而进一步增强了本书的应用特色。总的来说，本书结合笔者多年的教学与研究经验撰写而成。全书内容充实全面、结构清晰，内容上图文并茂、形象生动，语言方面通俗易懂、简洁实用，具有一定的实用价值与学术价值。

笔者在撰写本书的过程中，得到了许多专家学者的帮助，同时参考了许多相关的文献，在这里表示真诚的感谢。同时，由于笔者水平有限，虽经多次细心修改，书中仍然不免会有疏漏与不足，恳请广大读者批评指正。

2023 年 12 月

目　录

第一章　舞台服装设计概述　　　　　　　　　1

第一节　舞台服装的起源与发展　　　　　　　2

第二节　舞台服装的功能与审美标准　　　　　4

第三节　舞台服装设计的类型　　　　　　　　9

第四节　舞台服装设计师的职责与设计流程　　12

第五节　舞台服装与其他戏剧元素的关系　　　17

第二章　服装历史回溯与演变　　　　　　　　23

第一节　西欧服饰　　　　　　　　　　　　　24

第二节　中国历代服饰　　　　　　　　　　　33

第三章　舞台服装设计与表现　　　　　　　　53

第一节　舞台服装设计的风格样式　　　　　　54

第二节　舞台服装的造型要素　　　　　　　　57

第三节　舞台服装设计的形式美法则　　　　　71

第四节　舞台服装效果图表现　　　　　　　　74

第四章　舞台服装结构设计与实践　　　　　　77

第一节　服装平面制版实践 —— 以汉服为例　　78

第二节　服装立体造型实践　　　　　　　　　98

第五章　舞台服装制作流程与管理　　125

第一节　舞台服装制作流程　　127

第二节　服装制作岗位与车间管理　　135

第六章　舞台服装的未来发展　　143

第一节　舞台服装与科技的融合　　144

第二节　可持续发展与环保性　　151

第三节　舞台服装的数字化发展　　155

附　录　　163

参考文献　　175

后　记　　177

第一章
舞台服装设计概述

舞台服装具有独特的艺术性，可以分为戏剧服装、戏曲服装、演艺服饰等不同类型。它不单纯为表演服务，也是一种视觉艺术的展示，借助舞台特有的空间形式来展示独特的艺术魅力。舞台服装设计是戏剧制作中至关重要的一环，通过服装的精心设计，帮助角色表达情感、呈现故事情节，进而深化观众对舞台作品的理解与体验。同时，戏剧服装设计也是艺术与创意的交融，设计师通过深入理解剧本、角色，结合自己的审美观念，创造出能够深刻传达戏剧主题和情感内核的服装形象。这一过程不仅仅是衣物的设计，更是对人物性格、社会背景和故事情节的深度解读与表达。总体而言，舞台服装设计与舞台布景、灯光照明等元素相契合，共同构建视觉和谐的整体效果，为观众创造出一个富有戏剧张力的视觉空间。

第一节　舞台服装的起源与发展

　　舞台服装的起源与发展与人类文明和表演艺术历史密切相关。远古时期，人们即使穿得极其简陋甚至全身裸露，但在祭祀和舞蹈表演时也要着重装扮一番，或扮成猛兽，或扮成鬼怪，这就出现了最原始的舞台服装。早期的舞台表演中，演员通常穿着富有象征意义的服装，以区分角色和强调表演的神秘性。中外演出史上出现过没有布景与舞台的现象，却从未出现过没有服装的正式演出。

　　古希腊与古罗马时期，舞台服装设计趋向于强调戏剧角色的特定性，即通过不同的服饰和面具来区分不同的人物。当时的剧场非常之大，能容纳上万名观众，为了使观众在远距离内能清楚辨认角色，悲剧演员们往往头戴面具，蹬高底靴，穿着夸张的服装。欧洲中世纪，戏剧表演常常在教堂内进行，宗教剧中的演员往往由僧侣兼任，服装被用于表现圣人和恶魔等不同的角色。

　　文艺复兴时期，舞台服装设计更加注重史实的准确性和表演艺术的形式美。服装成为表演的一部分，强调演员与角色的融合，更注重反映角色的历史时代和社会地位，呈现丰富的戏剧形象。在历史剧的演出中，角色服装除首饰及小道具有所变化，与日常生活服装差别很小，如莎士比亚剧作中的演员一般即穿伊丽莎白时期的生活服装上台。这一时期意大利的假面喜剧（即兴喜剧）则又别具一格，定型化角色必须戴假面具，穿上特制的定型化服装，以便观众识别，如城市贫民这一角色的衣服总是打满一个个补丁。

　　巴洛克与洛可可时期，舞台服装变得更加夸张和华丽，通过大量使用装饰元素和鲜艳色彩，创造出引人注目的视觉效果，以吸引观众的注意力。在巴洛克时期，服装的华丽和装饰性达到了前所未有的高度，反映了当时社会对权力和财富的展示欲望。设计师们利用丰富的织物、复杂的刺绣以及精致的珠宝装饰，来塑造角色的高贵形象和戏剧的宏大场面。到了洛可可时期，服装设计则呈现出更为轻盈和细腻的风格，色彩变得更加柔和，装饰也更加精致和细腻。这一时期的服装设计强调了优雅和感性，反映了社会对享乐和审美追求的重视。

　　18世纪，随着启蒙时代的到来，戏剧服装设计开始转向现实主义，更加注重角色的个性和社会现实的反映。设计师们开始追求服装的真实感和对角色身份的准确表达，这标志着戏剧服装设计的一个重要转变。进入19世纪，工业革命的兴起和现代戏剧的发展进一步推动了舞台服装设计的变革。服装设计开始更加注重实用性和角色塑造，以适应更加复杂和多变的舞台表演需求。自然主义和浪漫主义的思潮也对戏剧舞台服装设计产生了深远的影响，使得服装设计更加注重真实性和历史性，力求在舞台上重现某一历史时期或社会阶层的服装风貌。这一时期，服装设计师们不仅关注服装的外观和装饰，还开始深入研究服装的历史背景和文化内涵，力图通过服装来传达角色的内心世界和社会环境。此外，服装的细节处理和材料选择都更加精细和考究，以确保服装在视觉和触觉上都能为角色增色。

20世纪初，随着象征主义、表现主义、构成主义、未来主义等现代艺术流派的兴起，欧洲剧坛迎来了戏剧服装设计的多元化时期。这些艺术流派不仅突破了传统戏剧服装设计的界限，也推动了服装设计的实验性和创新性。在现代派戏剧演出中，包括莎士比亚剧作在内的古典名剧，其舞台服装设计也趋向于抽象化和怪诞化，设计师的主观创意得到了显著的强化。现代戏剧服装设计呈现出多样化与实验性的趋势，设计师们不仅注重服装在表演中的视觉效果，更深入探索服装对角色心理状态的诠释。西方戏剧观念及舞台美术设计思想的演变，使得写实主义与非写实主义在服装设计领域都找到了各自的发展空间，形成了一个多元化的格局。这一时期，服装设计不再仅仅是对角色身份和社会背景的简单再现，而是成为了一种能够深刻反映角色内心世界和情感状态的艺术表达方式。设计师们通过服装的款式、色彩、材质和装饰，创造出能够与观众产生情感共鸣的视觉语言，从而增强了戏剧作品的艺术感染力和表现力。

在当代，舞台服装设计已经成为一门高度专业化的艺术门类。设计师不仅需要考虑服装的美观和实用性，还要考虑其在舞台灯光和布景中的表现。随着科技的发展，现代舞台服装设计越来越多地融入了数字技术，诸多新兴技术为戏剧舞台服装设计提供了新的创作工具，拓展了设计的可能性。戏剧舞台服装的发展历程既反映了时代的文化变革，也受到艺术运动、社会变迁等多重因素的影响。今天的舞台服装设计在继承传统的同时也在不断创新，为戏剧舞台注入新的艺术活力。

第二节　舞台服装的功能与审美标准

一、舞台服装的功能

舞台服装在塑造角色形象方面发挥着至关重要的作用，它不仅是角色的装饰性符号，也是戏剧创造的重要组成部分。与生活服装强调社会性功能不同，也与传统戏曲服装遵循程式化欣赏要求的特性相异，舞台服装在实用、再现、组织、象征和联想这五大方面尤为突出。

（一）实用功能

舞台服装的实用功能与日常服装的实用性有所不同。生活服装的实用性通常与价格合理、符合个人品味、穿着舒适、工艺精细等因素相关。相比之下，舞台服装的实用功能主要体现在改变形体、帮助行动并提升舞台整体形象等方面。

舞台服装的改变形体，指在演员形体的基础上，服装造型通过工艺上的扩、缩、填、贴、垫等手段来创造符合角色要求的外部形象。例如，需要通过服装摹拟外形的甲虫、精灵、植物或再现性格化的吝啬鬼、驼背人、武士等，这些角色外观形象绝不能以常态服装的结构来处理，而应根据这些形象摹拟的结构特征和性格类型来再现需求的形象。通常，甲虫用人造革拼接成甲壳状外套，武士垫肩收腹，驼背人在背部添加填充物。在表现西方剧目时，舞台服装的改变尤为重要，带有裙撑的 18 世纪欧洲贵妇裙，如果不用撑裙架及收腹垫臀，就不可能产生雍容富态的形象。舞台服装形体改变的标准以最大限度地贴切角色外部形象、弥补演员本身形体与角色的差距为本。方式上通过造型结构的变化与色彩的处理来完成；结构上体现在空间量的变化，填充附加物；色彩上用视错手段，如深色的紧缩感、淡色的扩充感；面料上有轻薄型的流畅形态、粗厚质的凝重呆板等不同效应的运用。

服装的实用功能不仅指改变形体，也意味着它必须协助演员行动，因为演员在舞台上不是蜡像造型，而是在一定的表演空间活动的，服装造型上要注重肢体部位的处理不妨碍行动，如幅度大的动作（格斗、击剑、劲舞）更要在服装上帮助演员行动，常用弹性紧身裤、宽松衫等形式来尽量减少行动障碍。

　　舞台服装的实用性不仅体现在其对演员表演的支持和角色塑造上，还在于它能够增强整个舞台艺术的视觉效果。舞台服装通过其款式的变化，与角色的演绎相呼应，为舞台造型注入活力，展现出旺盛的生命力。因此，这种"实用性"不应被理解为仅仅追求经济实惠，而是一种戏剧艺术广义上的综合协调和美学表达。舞台服装的设计和制作，是戏剧制作中不可或缺的一部分，它通过与布景、灯光、化妆等其他舞台元素的相互作用，共同创造出一个和谐统一、富有表现力的舞台艺术世界。

　　（二）再现功能

　　每个戏剧剧目都设定有特定的时代背景、社会环境与人物性格等。作为角色不可缺少的元素，舞台服装一定要揭示出这些含义，即角色扮演。舞台服装的再现功能主要体现在下列这些方面。

　　1.再现环境

　　环境表示是舞台服装再现中的首要意义，通过服装的款式、色彩、配件、工艺手段来揭示剧目的时间、地点、季节、气候、民族、国家、宗教、婚姻状态等。例如，和服带有披领及挂包，表示春季时节、室外、日本民族；紧身胸衣及衬箍裙打褶，表示 18 世纪欧洲、贵妇、手工缝制；雨衣或湿衣服登台，表示下雨或刚接触水。可见，即使没有台词、背景也能表现人物的环境。

　　2.再现身份

　　如果说再现环境含有角色身外的装扮意义，那么再现身份就是角色自身的表达。身份再现指角色服装所揭示的职业、地位、财富。例如，白围裙常常表现纺织女工；警察穿着含有标志的制服；珠光宝气的衣饰表达富裕的生活；僧袍表现宗教的意味。尤其是戏曲服装及芭蕾服装，衣箱制的程式化更一目了然地再现了角色身份，如带有令的靠衣再现了勇士的身份。

　　3.再现角色个性

　　角色装束不单是为了再现环境与身份，还揭示了所塑人物的性格及内心世界，这是舞台服装再现功能中的重要一环。舞台服装的款式结构与色彩均具有再现角色个性的功能。从款式上来说，一套"海纹领"的白色服装，无论穿在少女身上或青年女性身上，均有表达这个角色"青春""单纯"的性格含义；西装三件套配上礼帽，观众定能判断这个角色是位成熟且带有传统味的绅士；角色穿上破碎、褴褛的衣衫，观众自然给予角色"破落、贫困"的定义。再从色彩上来看，不同的色彩可揭示不同的性格，如哈姆雷特黑色斗篷披露了他郁伤的内心情感，《仲夏夜之梦》中白色服装暗示了海伦娜纯洁无瑕的品性。

4.再现人物关系

角色的舞台服装同时表现横向与纵向的关系，横向体现在每场次角色与角色之间的服装关系，纵向反映在每个角色的独立发展上。以《奥赛罗》为例，奥赛罗每场次均有与苔丝德蒙娜及将领们的对手戏，他的金质铠甲及黑红两色披风与苔丝德蒙娜的长裙、将士们的各色外套就构成了主次关系及地位、性格的差异。当剧情发展至奥赛罗出征且受到他人教唆之后，他的心中感到非常妒忌且处于极度不平衡的状态，此处角色穿着的紫色长袍和大红睡衣一改前场着装的勇士风格。可以发现，角色的颂扬或贬低、正面和反面都是借助角色服装的关系予以体现。此外，舞台服装也可以再现某事的形成和演变，如艳丽色彩表达欢庆，白色表达丧哀，整台军服表示战事兴起，教衣登台揭示祭祀或神典。

（三）组织功能

戏剧演出并非大合唱，在角色关系上存在着主次、前后与强弱的区别。舞台服装在角色组织安排上发挥着独特的作用。其一，使主角更加鲜明，如以对比色、变化的结构来区分主角和其他角色。在莎士比亚剧目中，首要将领的胄甲有金、银装饰，与兵士的其他色彩区别开来，使观众在视觉上更注意主角的舞台行动。其二，使角色身份或性格明显区分，如皇朝贵族用金黄色，市民用暗色等，清晰的颜色和纹饰的区别使角色更为鲜明可辨。

戏剧演出中角色形象塑造的成败，也与舞台服装在角色与角色之间的组织有关，表现在纵横两个方面。以莎士比亚《奥赛罗》的服装组织为例，纵向过程表现在奥赛罗从英勇善战的将帅转变为多疑、忧郁而富有嫉妒心的丈夫，服装要清晰地揭示这个过程；横向排列表现在各个角色之间的关系安排上，奥赛罗与妻子苔丝德蒙娜、将领依阿戈、仆人与士兵等人物之间的主次、强弱，要通过服装使他们之间的关系得到体现。这种纵向与横向的组织，是舞台服装保证角色形象鲜明的关键。

（四）象征功能

戏剧美的直观性是戏剧发生学的特征之一，戏剧直观性就是让观众充分领略丰美的外部形象，舞台服装承担了创造外部形象的任务，并与戏剧美学契合。

舞台服装的象征功能可从主、客体两方面来看。作为主体的舞台服装及舞台服装设计师，将"可看性""可演性"的服装形象生动地做了舞台展示，角色的相貌、性格、虚拟的结构与色彩构成了多姿多彩的形式意味，如歌舞剧《霓裳羽衣》将中华文化中富有特色的服装汇聚在一个舞台，单纯旨在呈现出外部形象的生动袅娜，此处服装丰富多彩的形态象征着中华民族服装文化的深厚与绚烂。与此同时，作为客体的观众也产生了对外部形象的心理积淀。例如，观赏到美丽典雅的唐装、旗袍想到权势和财富；看到衣着破旧的人想到贫苦人家。此处的"美丽典雅"与"破旧"涵盖着形象性和内心过程的两个层面，使戏剧形象的象征功能在直观过程中得以体现。

舞台服装的象征功能在戏曲服装中占重要位置，它以款式与色彩诉于观众的直观情感，是戏曲艺术的程式化与观众心理反映的结合。舞台服装的象征，就是主、客体对服饰共同的心理积淀与评判，而且最终反映在角色身上，对揭示角色有独到的效果。例如，款式上蟒袍代表统治阶级的礼服，铠甲表示作战服装；色彩上的红脸象征血性与忠勇耿直，白脸象征工于心计及险诈。在中外戏剧史上，服装的象征功能从未消失过，《奥赛罗》中奥赛罗的曳地披风象征着英武善战，为主体客体共同接受。现代剧目中某些抽象的服装形、色，更为舞台服装的象征功能拓宽了道路，在意指、象征中创造剧目的诗情画意。

舞台服装的象征功能还表现在具有渲染气氛、展现风格、烘托主题等价值。

1. 渲染气氛

本着舞台设计的假定、象征，舞台服装也渐渐地向服装形、色的中性化处理靠拢，重气氛、重形式意味，如春夏秋冬四季用四种颜色（统一的套头 T 恤式样）来烘托时光嬗变的氛围。又如，日本哑剧团的演出用两种色彩的服装（正面与夹里不同）不断在舞台上替换，形成迥异的氛围。如今，戏剧创作者们高度重视服装渲染气氛的作用。

2. 展现风格

所有艺术形式都呈现出自身独特的风格特点，每个戏剧形式及舞台样式都有自身的风格。舞台服装以它的具象化、过程化、视觉化直接地参与并表现所创造的剧目风格，是幻觉还是写实，是表现还是再现，是平面构成还是立体组合，是繁纷还是简约，是清晰还是苦涩，是悲哀还是喜庆等。《泰特斯》中满台闪耀金光的胄甲，有力地烘托了凝重宏伟的风格意图；《芸香》中抽象化的服装造型强化了剧目哲理思辩的风格动机；《中华服饰五千年》中装饰性与史实性的各朝典型服装将舞剧的史实与形式美的风格样式准确揭示。

在展现风格的手段上，舞台服装大致依靠三种途径。一是写实性风格，如《理查三世》以准确的时代考据及性格化处理来达到叙事的真实性；《茶馆》中用 20 世纪 30 年代真实的服装再现使观众沉浸其中。二是中性化风格，即没有明确的时代背景轮廓，求类型化、写意化，近年来的探索性剧目均在服装上应用之，如一块简洁的披挂并不直接诉出时代与角色性格，而是随舞台动作及发展产生意义。三是写实性与中性的结合，于剧目正常叙事中插入幻觉或唤起联想的片断，如《美狄亚》角色基本用史实性写实服装，当表现美狄亚烦乱心境时插入抽象的中性服装，使舞台形式生动活泼，在真与假、虚与实中发展。

3.烘托主题

舞台服装结构上的造型线条及色彩也能明确地烘托主题，使剧目主题一目了然。如黑白、红白、蓝黄的对比将冲突性显示出来；同类色的渐变处理将平和性展示出来；统一的运动服装将动态化意图显露出来。任何一个明智的剧作家或导演、设计师均必须考虑舞台服装的形、色对主题的作用，因为舞台服装本质上具有通过象征来烘托主题的功能。

（五）联想功能

舞台服装有唤起联想的特征。它的联想因素属戏剧艺术象征的范畴，角色服装造型的假定性（表意）必然给观众思考的空间，从形象感知到深层思考，再让思考促使感知升腾，在此迂回反复。这种联想包含观众对过去经历的追忆及时代、历史、性格的鉴定，如"花翎""补服"让观众自然联想到清代官职身分；"桶裙"的式样让观众想到傣族服式。联想的另 方面，即舞台服装也能唤起观众对戏剧艺术家的理解，如舞台上象征性的色彩、统一的几何形结构服式，计观众自然联想到这是戏剧艺术家的刻意求新。

二、舞台服装的审美标准

（一）舞台服装设计需符合作品的整体艺术形式

人类着装的发展历史非常悠久，各个国家与地区都存在丰富的、富有鲜明特色的服装形式与风格。尽管戏剧、戏曲、舞蹈与歌唱等各种艺术形式存在着迥异的表现方式与手段，但舞台服装设计中，风格与样式、样式与形式高度一致，且符合作品的整体艺术形式，是舞台服装审美的首要标准。

（二）舞台服装设计需符合剧本要求

舞台服装的美要看是否与剧本所提供的时代、地域、民族、习俗等一致，以不同的历史时期为背景的剧本，在社会制度、国家状况、宗教信仰、种族习性上都会直接影响服饰的变化，符合剧本要求的设计是舞台服装存在的根本。

（三）舞台服装设计需符合角色条件

角色的条件分为外在条件和内在条件，外在条件包括角色的年龄、性别、身份、地位等，内在条件主要是指角色的性格特点。符合角色塑造的形象是舞台服装设计师对剧本的正确理解、对风格的准确把握、对角色的深刻认识的结果，最终使人物性格和外部造型融为一体。

第三节　舞台服装设计的类型

舞台服装可以分为戏剧服装、戏曲服装、演艺服饰等不同类型。舞台服装与生活服装有一定区别，在款式与结构设计中，各有其自身的特殊性与要求。舞台服装的款式设计要力求满足演出主题及舞美、场景的需要，使服装融入整个舞台中，使服装成为舞台美术的一部分，要将服装设计放在舞台的大环境中去考虑，舞台对服装的要求远远超过演员对服装的要求。在色彩、造型及机能上也要服从于演出主题和舞美、场景的需要。

一、戏剧服装设计

戏剧服装是指歌剧、舞剧、话剧等戏剧表演的艺术服饰。戏剧服装设计与舞台表演的需求、角色的要求以及表达特定情感的目的密切相关。

首先，戏剧服装设计的主要目的之一是通过服装塑造角色，使观众能够迅速辨认出不同形象的人物。服装在款式、颜色、质地上的差异帮助明确角色的身份、社会地位以及性格特点，符合人物不同的身份定位，能够使观众多方面地了解角色以及他们的突出个性。

其次，设计师需要深入研究剧本背景，确保服装与戏剧所处的时代和环境相符合。历史剧中，特别需要准确还原不同时期的服装风格。演员在舞台上最直观的形象包装就是服装，也许演员本身在生活中的形象很时尚、靓丽，但若剧目中要塑造贫苦的形象，服装必须相匹配。演出中甚至角色的年龄、性别、国籍、职业、所处年代等很多信息都是由服装反映的。在设计每部剧目的服装时，服装设计师必须反复研读剧本内容，根据导演对每个角色服装造型提出的要求，准确设计出符合人物不同身份定位的服装，直观表现出角色在舞台上的身份形象。

最后，戏剧服装设计强调表达情感与氛围，通过服装的颜色、剪裁和细节传达角色的情感状态和戏剧场景的氛围。服装在一定程度上可以成为演员情感表达的延伸。同时，戏剧服装需要注重舞台效果，假定性高于实用性。一个人物穿睡衣或雨衣或制服在舞台上是反映一天里某个地点、时间的符号，他的存在时空是假定的，服装要合乎角色假定情境与身份，并且服装材料只求质地与色泽相似即可。这时服装设计通常会在有限的经费条件下，以假乱真地达到应有的视觉效果。与电影不同，舞台上的服装需要更强调视觉效果，以确保观众从远处也能清晰辨认服装的特征。

总体而言，戏剧服装设计会受到很多戏剧因素的制约，如演出的风格、演员的体型、灯光的效果等。服装应尽可能地利于演员的表演和动作幅度，与全剧的演出风格相统一，满足观众不断变换的审美需求。在戏剧舞台上，服装设计和人物造型都要符合剧情的设定和走向，设计师只有按照人物角色的性格特点与身份特征，结合戏剧情节与时代背景进行合理的服装设计，才能体现人物整体造型和情节背景的协调度，达到服装、化妆、灯光等诸多要素的完美配合，否则，任何一方出现问题，都难以把戏剧人物代入到戏剧场景中，也就削弱了观众的观剧效果。

二、戏曲服装设计

戏曲服装，传统上称为"行头"，涵盖了戏衣、盔头、戏鞋等部分，是中国戏曲演剧服装的总称，包括了历代戏曲及全国各地地方戏剧种的服装。戏曲服饰不仅是一种传统的艺术形式，而且是承载和传递中国传统服饰文化的重要载体。

在戏曲艺术表演中，服装和道具是塑造角色外部形象的关键艺术手段，它们辅助传统戏剧表演的完成，是戏剧文化中不可或缺的组成部分。戏曲服装和道具的作用在于展现剧本人物的年龄、身份、性格等外在特征，同时强化人物的个性特点，塑造出立体、典型的人物形象。例如，关公、张飞、曹操、诸葛亮等历史人物通过固定的装扮，凸显了角色的个性化特点和精神气质，对演员塑造人物形象起到了重要的辅助作用。

戏曲服装中的"水袖"是一种体现服装意象美的手法，它通过夸张的形式表现人物内心活动，更好地塑造人物形象和抒发戏剧情感。戏曲服装通常基于历朝历代的服装特点仿制而成，旨在展示戏剧作品中的人文风情和时代特点。例如，官衣模仿明代官服，颜色区分官级，开氅则为高级将领的便服，绣有狮、豹、虎等图案，以彰显人物气势。

尽管戏曲服装的程式化和传统性体现了对传统文化的尊重和继承，但也要在继承中创新发展，如传统秦腔戏曲中的服装颜色变得亮眼鲜艳，布料改为绸缎，增加了刺绣，不仅提升了观赏性，也展示了中国刺绣的工艺特色。在新编戏曲中，为了保持艺术创作的活力和时代感，需要在传统服装的基础上进行创新。戏曲服装的创新不应仅为了迎合现代审美，而应深入挖掘和传承戏曲文化的精髓。通过现代设计理念与传统元素的结合，戏曲服装可以更生动地展现角色性格，增强戏剧的视觉冲击力和艺术表现力，使戏曲艺术在新时代焕发新的活力，吸引年轻观众，实现戏曲文化的传承与发展。

三、演艺服装设计

演艺服饰一般是指各类综艺节目、音乐会、演唱会、舞蹈汇演等文艺活动中的服装，它不仅辅助表演，而且在塑造舞台视觉效果和传递艺术情感方面发挥着关键作用。随着时代的发展，演艺活动的形式和内容日益丰富多样，演艺服饰的设计也趋向于更加绚丽夺目、新奇时尚。

例如，在演唱会中，高科技场景变换、激光烟火和动画等手段，与服装的视觉冲击力相结合，共同营造出令人瞩目的视觉奇观，激发观众的联想和强烈的情感体验。演唱会服饰造型夸张、色彩强烈、材质多样，通过二次造型和非服用材料的装饰，展现出独特的创意并引领时尚潮流。

在进行演艺服装设计之前，明确服装的设计风格至关重要，因为它将指导设计的方向和目标。演艺服装的设计风格，如写实、写意、抽象、动漫、科幻、魔幻等直接影响演出的整体风格。只有当服装的设计风格与演出的整体风格高度匹配和协调，才能实现演艺服装设计的目的。

舞蹈类节目则完全依赖视觉效果吸引观众，服装在舞蹈表演中赋予表演灵魂，激活情感表达，准确传递表演中的情感信息，激发舞蹈表演的艺术和情感特征。在舞台和灯光的映衬下，服装造型进一步吸引观众的注意力，提升观众的视觉体验，满足他们的审美需求，将舞蹈中的思想情感进一步融合和升华，触发观众的情绪共鸣。近年来，随着人们精神文化生活需求的日益增长，将文化元素与现代设计相结合的演艺服装设计，不仅强化了文化认同感，还实现了创新与传承之间的平衡，促进了不同文化间的交流。

总的来说，舞台服装不仅是表演的辅助工具，还是一种视觉艺术效果的展示。在剧情的假定中，服装成为角色的形象符号，借助舞台特有的空间形式展示其独特的艺术魅力。通过服装设计的创新和文化内涵的融入，舞台服装能够有效地深化舞台表演的文化内涵，向观众传递丰富的文化信息，提升整体艺术表现力。

第四节　舞台服装设计师的职责与设计流程

舞台服装设计师是舞美制作团队中不可或缺的关键人物，负责通过服装来诠释戏剧中的角色、情节和主题。舞台服装设计师的职责涉及广泛的创意和实践领域，舞台服装设计并不是单独依靠个人天马行空的创意思维，而是受到很多客观因素的制约与限制，他们对每一剧目都必须进行细致研究、充分讨论。

表1-1　舞台服装设计流程表

排练之前	排练时	合成时	上演
解读剧本 与导演讨论演出风格 制定计划表 制定演员着装表 绘制设计图 找布料样品	监督服装制作 服装租赁 寻找制作饰物 试装	完成服装并试装 完成所有配件 着装排练 最后的调整	监督修整服装 归还服装及配件

通常来讲，舞台服装的设计流程如表1-1所示，首先在排练之前，需要读剧本、与导演讨论演出内容、制定计划表、制定演员着装表、绘制设计图、找布料样品。然后，排练时要做的是监督服装制作、必要的时候进行服装租赁、寻找服装配件并试装。等到合成时，需要完成服装并试装、完成所有服饰配件、参加着

装排练、做最后的调整。最后演出时，需要监督修整服装，演出结束归还服装及服饰配件。以下将设计流程分为三个阶段来分别详细介绍。

一、剧本分析与角色研究

第一阶段主要仔细研读剧本，深入了解角色的性格、情感、社会地位等方面。通过与导演和演员的合作，确定服装在表达角色特质方面的具体需求。这个阶段，舞台服装设计师首先要做的是研读剧本、收集资料，与导演、布景设计师讨论演出制作。

（一）解读剧本

戏剧舞台服装与生活装和时装不同，它是有故事的，是饱含感情色彩的，创作时必须要以剧本为依据，了解剧目的历史背景、时代特点、审美风尚。以时代特征来确定服装的总体样式，与导演所设定的表演风格相符。因此，在阅读剧本的过程中就要揣摩剧情，做到深刻理解。找出剧本的主题、风格以及剧情所反映的时间、地点和环境，通过揣摩和分析渐渐形成基本的人物形象。

（二）设计构思

明确剧本的基本需求后，可以进行一些资料的收集以启发灵感，相关的视觉资料不仅能提供一些直观的信息，也往往是灵感的源泉，要寻找符合设计构思且有启发性的资料，如书籍、老照片、档案等。如剧情发生在某特定的历史时期，那么就有必要对那个历史时期的视觉性艺术作品进行研究，了解其服装的典型轮廓特征，有助于获得总体感觉和典型风格。舞台服装设计师在构思阶段应确保服装与剧情、舞台设计相协调，关注服装的色彩、形状、材料，以及对服装结构的独特设计。

（三）沟通交流、确定风格

在完成设计构思之后要尽可能快地将构思画在纸上，并不需要画得多么完美，但一定要通过画面把构思准确地传达给布景设计师、导演和演员们。脸部可以空出不画，如有必要可加上一些服装面料小样以显示服装的质地，带有色彩的草图会很出效果，能显示出色调搭配的情况。在跟各演出部门的沟通交流中确立舞台服装风格样式是写实还是抽象。

总之，在第一阶段人物信息掌握得全面与否关系到舞台服装设计的准确性和深刻性。从这个意义上讲，舞台服装设计是设计师对剧本、角色的诠释。遇到不同风格的导演时，舞台服装设计师既要坚持自己正确的观点和看法，也要善于沟通，将设计意图及手段传达给各个部门，留心舞台设计、灯光设计、化妆造型的方案，使自己的构思与它们趋向一致。

二、系统筹划与设计

第二阶段需要列出一份全剧演出服装表以及每个演员的角色、服装清单，将所有与服装有关的细节做上笔记，绘制服装效果图与结构图，获取面料样品。

（一）制定全剧演出服装表

演员服装表一定要详细，列出场次变化和所有的角色，从而明白每个演员都需要扮演哪些角色、需要哪些服装，以及一些潜在的服装迁换问题。同时，也要列出每件服装的具体细节及尺寸大小。有的剧目情节由于年代跨度较大，主要演员需要多次换装，因此，有详细的演员服装表及服装清单对完成快速换装是至关重要的。例如，一场内景之后可能是一场冬季的外景，角色需换上外套、大衣，这时所有服装要点都要列上图表，以便服装设计师能够一眼明白每个角色在戏中的每个阶段都需要哪些服饰。

（二）绘制服装设计图与结构图

一旦所有必须的资料已收集到手，构思经过了研讨，细节也登记列表，这时就要将设计内容绘制出来，不同的服装设计师画设计图的方法均有不同，有些人用纸笔或电脑画出全彩的图，有些人只画黑白图，另有一些人则是采用面料拼贴法，画成一副复杂、抽象的设计图。这些方法本身无优劣之分，设计师也不必把形体画得多么精彩，应当把重点放在设计图的具体使用上，设计图必须向其他人提供有用的信息，并准确地传达出设计的构思。

有时候，设计图很难反映一件服装的整体效果、款式等，因此有必要画上各后视图和侧视图，并附上面料样品和注释。通过图纸来展示自己的设计时，要把所有能够向他人提供的信息都包括进去。

演出中的剧情是不断变化的，所以服装也需要有所变化，应遵循多样统一的造型艺术原则，既要使得众多人物服装的整体基调相协调，又能突出每个人物形象的鲜明性与个性化。在设计服装时，要参考演员的身材、演技和环境等条件，从而形成一个完整的人物形象构思。以剧本为依据，表现角色的所处时代、民族、身份与个性，在人物群体中把握服饰的基调，追求服饰风格与全剧的演出风格相统一，才能保证舞台视觉形象的整体性。

三、预算与制作管理

第三阶段主要完成预算与资源管理，具体包括以下几个方面：第一，制定服装设计预算，确保在有限的资源下实现最佳的艺术效果。第二，与制片人或舞台经理协商服装制作所需的材料和人力资源。第三，参与服装制作，寻找一些免费的渠道来获得辅料、饰物或部分服装，能租借的服装尽量租借。第四，参与演员的试装，参加着装排练，安排所有的临时调整。

（一）根据预算选购材料

在服装制作前，效果图确定之后就要做服装费用的预算，根据预算来确定哪些服装需要定制、哪些需要改造或租赁。定制时需要选购面料，市场上的面料种类繁多，设计师必须懂面料，恰当地选择面料以保证服装的质感，当没有合适面料时，应考虑如何解决难题，如通过印染、绘制、刺绣等二次改造的方法来达到预期效果，或是将旧衣进行改制、裁剪、染色等，也可能达到想要的效果，但同时要考虑到舞台灯光照明对面料色彩产生的影响。在一场演出中，成本预算可以说是设计最受制约的因素，演出中所需的服饰配件较多，帽子、鞋子、手套、太阳镜、首饰等都能够起到重要的、揭示人物性格的作用，并且有助于创造出整体的设计效果，这些除了定制也可以租赁或通过免费渠道获得。

（二）服装制作

舞台服装设计师应具备各种服装式样的裁剪和缝纫技术，以及面料选用、服装结构等知识，在参与服装制作时才能得到满意的效果。服装制作前需要测量每位演员的重要身体尺寸，服装制版可根据相关尺寸制作纸样，也可在现成纸样中加以改动，在得到满意的纸样后就可以计算购买面料的数量，也可利用白坯布对服装基本型进行试制，以检验设计是否能够实现。此外，要及时调整时间进度以保证按期完成服装的制作。

（三）试装与修正

服装设计师应督导服装的实际制作，包括裁剪、缝制、装饰等工艺环节。服装制作完成后，还要进行演员的试穿和调整，以确保服装符合角色的表演需求。在这一阶段，演员的试装是非常重要的，可以让演员穿上服装动一动、进行一段表演，做一些剧中所要做的弯腰、伸展的动作。戏剧表演中难免有大幅度动作，试装时如果演员无法完成相应的肢体活动，就必须要调整。试装时需要从中发现服装存在的问题并做详细记录，不要因外界压力而轻易改变设计，处理问题时应保持镇定和积极的态度。

服装设计师应参与排练，确保服装在表演中的实际效果符合设计意图。根据演员的实际需求调整服装，以确保演员在舞台上感到舒适且表现力十足。舞台服装在制作时因为没有演员试装、舞台灯光的照射通常发现不了问题，彩排时都会或多或少进行调整。到了舞台上，设计师要通过试装来确认每件服装的款式、造型、合身程度、色彩、细部等方面都符合演出要求，了解快速换装时的细节问题，如果色彩不合适可用喷色、造旧、调换等各种可行的手段进行最后的改善与调整，使得服装尽可能完美。

每次演出时都应保持服装的清洁，每次演出后都要检查服装是否需要缝补，并将其熨烫平整。整个剧目演出结束后进行所有服装的修整工作，标好标签并将服装放入密封袋贮存，以便在将来的演出中使用。整理出完整的服装设计记录，作为演出后有用的参考资料，包括设计图、面料样品和演员穿着服装的造型照等。

总而言之，舞台美术是一门综合的艺术，任何一个环节稍有疏忽必将影响全局。舞台服装设计本身就处于一个复杂的关系当中，需要各部门之间相互协调来共同完成。因此，作为戏剧舞台服装设计师，要始终把握服装设计的整体观念，必须与舞台的环境气氛、演员的表演严密地配合起来，在戏剧表演的整体艺术效果中求得统一，以此来达到更完美的舞台视觉艺术效果。戏剧舞台服装设计师通过综合运用创意、艺术、技术和团队协作，为观众创造一个视觉上令人愉悦、情感上贴近角色的戏剧世界。

第五节　舞台服装与其他戏剧元素的关系

舞台服装属于舞台美术部门，它与戏剧文学、表演艺术、导演艺术共同构成戏剧这门综合艺术，其中每一部门艺术都是戏剧这门综合艺术的有机整体中一部分，它们之间互相依赖、互相补充、互相强化、互相揭示。舞台服装与舞台布景、化妆、效果、灯光、道具等均是强化、构架戏剧时空及角色形象的手段，它们之间的共同参与使舞台视觉形象更加鲜明。这里着重介绍舞台服装与化妆造型、舞台美术及表演艺术、导演的关系。

一、舞台服装与化妆造型的关系

舞台服装与化妆造型均属于戏剧人物造型部分，它们的共同点体现在创造角色的外部形象，以直观的形式语言来揭示角色的特征，二者之间呈整体默契的同步形态。例如，20世纪30年代的女性角色形象的旗袍式样必须与该时代的发式、妆面相匹配；传统绅士形象的燕尾服必须与高顶礼帽、八字胡须造型相统一。角色服装与化妆造型是不可分割的一个整体，这是由它们共同为角色外貌服务的性质决定的。

舞台服装与化妆造型在塑造角色形象的手段上有着差异，舞台服装以包装演员的躯干、四肢（形体）为条件，化妆造型则以演员的面部（五官部分）为范围。从人物造型的整体角度来看，服装偏重于角色身份的标识，化妆造型偏重于角色表情与神态的刻画。舞台服装可以在演员形体上根据表演的需要，进行不同形态的变化，如裙撑、磨盘领、束身胸衣、灯笼裤等。只要不妨碍演员行动及不脱离整体的演出样式，矮个子可以加鞋跟，胖体态可用直线来修饰，不但要考虑正面还要顾及侧面、背部，不但要考虑款式还要注意装饰点缀等。而化妆造型所服务的演员五官部分，相对稳定并以平面修饰为主，在眉型、鼻型体积、唇部形态等方面作性格化的刻画。舞台服装与化妆造型在运用的物质媒介上有着差异，舞台服装以纺织面料、装饰辅料为主，必须经过一定的成衣工艺来实现，而化妆造型依靠油彩、毛发等材料来创造。舞台服装与化妆造型的工作程序有差异，前者在试装、彩排之后基本完成任务，只需听取各方反馈信息，后者必须现场操作，每个场次的演出均可根据演员的需要及演出效果做合理的改进。舞台服装与化妆造型的知识结构有差异，除均需了解戏剧特性、功能、剧种及形态美艺术法则，舞台服装对服装材料、工艺、服装史、人体结构形态等知识有一定的要求。例如，针织面料是线圈结构，其松散的质地适宜休闲的造型；机织面料结构严谨，常用于外套及定型性强的款式；等等。这些服装材料的知识是舞台服装设计师必须熟知的。

二、舞台服装与舞台美术的关系

舞台服装是舞台美术的重要构成部分，提供了舞台上的视觉形象，它与舞台设计、灯光、道具、化妆等共同参与戏剧创造。

舞台服装的作用与舞台设计、灯光、化妆、道具等各部门一致，但在媒介语言上有着差异，这个差异是由各门类的本质特征决定的。舞台美术着重于为演员提供符合戏剧要求的表演空间（场景）；灯光造型依靠光来创造空间、分割空间、渲染空间气氛与情绪，让角色形象明快或阴沉；音响效果通过声音的模仿与加工来表现戏剧内容。而舞台服装有演员形体条件的制约，它比舞台设计、灯光等语言都显得实在、具体，这里的创造不能脱离人体运动结构，也就是说，舞台服装创造无论如何表现戏剧主题与风格，必须使演员穿着方便、便于行动。例如，《变形记》中"甲虫"形象的创造，躯干部位僵硬状的外壳、四肢部分伸缩性的肢爪、头部弹性的胡须等，均需用软体材料来表达质地上的酷似，并在结构设计上让关节部位能运动自如，否则，装扮甲虫的演员无法通过滚、爬、跳、立来表达不同的情绪与"虫"的形体特征。

舞台服装与舞台美术各部门只有在相互关照、配合、互补中，才能共同构成成功的舞台视觉形象，而且这种互相配合必须贯穿在整个戏剧创作过程中。例如，附有白色羽毛装饰的礼服裙，需依靠冷暖色光来塑造形象的体积，并且随演出需要变幻色光，如果灯光只给予照明光（白光），就会使羽毛平和、惨淡；一套深色的燕尾服如果置身于黑色的天幕之前，会导致服装和舞台空间都丧失光彩；色彩绚烂的服装组合，若是和多种色光搭配在一起，反而显得非常凌乱。这些例子都在表明不可以孤立地审视舞台服装的存在，只有和舞台空间、灯光等事物协调地搭配，才会显得鲜明而富有个性色彩。为了规避舞台服装与舞台美术各部门的不和谐，舞台服装设计师必须始终关注舞美各部门的设计方案与进度，从最初的交流到实施方案，从连排到彩排，及时调整服装与它们之间的不和谐部分，保证舞台视觉形象的整体性。

三、舞台服装与表演艺术的关系

表演艺术是戏剧艺术的本体，它以演员形体为媒介材料，演员既是表演艺术创作的媒介材料，也是整个戏剧艺术形象的最终载体。因此，演员也就成了集合戏剧不同艺术门类的"综合体"，其中舞台服装是与演员的配合、依赖、补充最密切的部分，体现在以下几个方面。

第一，通过服装帮助演员找到角色的感觉，由外部的形象折射角色内在的情感状态。德国作家莱辛在《汉堡剧评》中曾提及"须知情感是内在之物，我们只能凭外部表现加以判断"，服装是"外部表现"（外貌）的手段，通过"由外到内"来激发演员的角色体验与情感投入。例如，我国著名话剧演员石挥在扮演秋海棠时，用一套新棉衣裤换来一套老乞丐身上的破烂衣服，这套服装大大增强了人物形象的表现力。如果没有这套形似的外部服装，不可能诱发石挥全身心地去体验、表现角色的形态与内在情绪。演员通过外部服装的帮助进入角色，能使角色形象鲜明有力、形神兼备，如演员一旦穿上带水袖的褶子，就能将内心的喜、怒、哀、乐通过水袖的不同造型展露出来；穿上船底鞋及传统旗装，戴上"大拉翅"，演员的步态、举止必定会显得端庄、轻缓。这些都是经过服装的修饰使演员"化身"为剧中人物。

第二，协调演员与服装设计师对角色服装的理解差异。演员是通过声音、形体、语言、动态、表情来塑造角色，是戏剧的本体。服装设计师是通过款式、色彩、材料、工艺等物态手段完成演员形体上的角色塑造。他们之间不同的角度与手段，形成不同的差异，而这种差异必需通过互补、交流来获得一致，从而保证角色形象的准确。服装设计师在与演员交流中，往往会听到演员要求设计师将他（她）打扮得漂亮些的请求，如何来理解演员服装在舞台上的美，这个美是什么标准，需要双方之间的沟通，以求获得只有贴切角色身份、符合整个演出样式（风格）的服装才是角色形象美这个共识。例如，塑造一个贫困质朴的村姑形象，服装一定要流露出浓郁的村野气息，并且要具有破旧的质感，服装设计师应当有意识地说服演员认可再现生活形象的真实，这是表现角色美的关键。此外，有时选定的演员并不适合角色的形体条件，需要设计师通过设计来弥补形体的不足。例如，一个男演员形体比较单薄、瘦弱，而角色的要求是壮硕而充满力量感，设计师必须通过结构与材料来营造形体应有的效果。

第三，服装设计师与演员的交流贯穿在整个戏剧创造过程中，从最初的交流到排练，从确定设计方案到彩排，交流的目的是为了使角色的服装更完满。最初的交流能使设计师对演员的条件（形体、肤色、体型、气质）有所把握，排练中能洞察演员之间的位置变化与角色性质，确定方案之后要获取演员形体尺寸数据，便于服装制作，彩排中能根据舞台实际效果做进一步调整。

四、舞台服装与导演的关系

导演是戏剧活动的中心人物，是决策戏剧艺术中所有问题的人。在演出活动中，导演具有最大的话语权，既要承担着对剧本的再创造活动，又要启迪并指导演员塑造角色并确保舞美各个部门的协调，从而保证戏剧活动的有序开展。

舞台服装与导演的关系有作用与反作用两方面。服装是导演创造演出形象中作用于角色外貌包装的手段，服装设计师应贯彻、接受导演的既定方案。通过听取导演阐述、导演对设计方案的评价、导演对彩排中的意见等一系列过程，来检验服装是否合乎整体的演出风格及导演所要求的实际效果。例如，若导演确定用时装形式来表现《哈姆雷特》形象，对哈姆雷特的服装要求是具有现代的时尚风格，服装设计师应循着这个主线去确定方案，而一改传统的以文艺复兴时期服装为依据的创造。服装设计师认真贯彻导演创作意图，做好服务工作的同时，也能通过设计的创新来为导演提供有价值的舞台调度，激发导演创作灵感。例如，日本宝冢剧院的演出样式，之所以被誉为"东方的百老汇"，主要是其服装的绚丽多彩、千姿百态，便于导演来营造豪华的场面，通过不同列队之间的穿插及其舞蹈动作，结合富有节奏的音乐，给人愉悦、欢快的视觉感受。设想一下，如果宝冢的演出没有这种豪华的衣饰，再好的导演也无法营造这种气氛。

不同导演有不同的阅历、知识结构及审美情趣，有的擅长写实风格的再现，有的热衷写意风格的表现，有的注重创新与探索。服装设计师应考虑是否与所合作的导演在创作风格与审美情趣方面达到和谐默契，避免创造过程中由于不同的理解或表现力的极大差异而产生冲突。同时，服装设计师也有不同的擅长，并不是所有设计师都能驾驭各种样式与体裁的表现，有的擅长传统戏曲服饰，有的偏爱舞蹈服装，关键是寻求服装设计师与导演之间在风格与表现力上的协调，便于调动双方的积极性。

舞台服装设计师与导演的交流通常有三个阶段：第一阶段听取导演阐述构思，从而制定设计方案；第二阶段是将设计方案交付给导演（包括所有创作部门）评审，根据各方面意见做调整；第三阶段是关心排练过程，尤其是连排与彩排，通过试装来听取导演意见，检验服装是否符合角色要求，这时导演会从舞台整体形象出发，对服装提出具体的修正意见。

面对不同的剧目，导演所执导的风格是不同的，即使面对同一个剧目，不同导演的风格也是存有差异的。因此，舞台服装设计的创作走向、艺术思想、表现观念应根据导演和剧目的风格做调整。舞台服装的款式造型可以遵从历史真实也可以夸张变形，面料与材质的运用可以大胆创新，并且结合高科技的技术手段，与舞美一起共同创造最佳的视觉效果。当今舞台的需要以及观众的审美观念也在不断变化发展，作为设计者应开拓设计思路，不断寻求变化与突破。

因此作为戏剧服装设计师，首先要不断完善知识结构，掌握中外服装史的发展背景及各时期中外服装的形态和发展变化规律，从历史中汲取知识，获得灵感，为舞台服装设计打下扎实的理论基础。同时，绘画基础也极为重要，感受、分析不同艺术思潮的艺术作品，能够使心智和审美能力得到极大提高。

其次要注重审美与素养的积累，舞台服装设计不是闭门造车的奇思异想，而要把握时代审美的趋势，加强对艺术和文化的修养积淀，才能保证服装造型与人物角色的交融，才能代表新时代的情感，得到观众的认可，使服装向观众传递角色的情感世界。

最后要勇于实践与创新。舞台服装设计师要善于发现美、感受美，创作符合剧本要求和大众审美的舞台角色造型，不仅要在设计上符合审美、角色、个性等要求，同时还要考虑工艺缝制上的可操作性。运用刺绣、印染、做旧、打磨、压褶等各种装饰手法进一步加强艺术表现力，并在制作过程中不断修正、改进、完善，使设计的创意进一步得到完善。将敬业的意识牢记心中，并实践于行动，这样每次创作实践不仅能获得宝贵的经验和成就，还能从中体会到快乐。

第二章

服装历史回溯与演变

　　舞台服装设计不同于日常服装设计，要有一定的设计依据，要符合人物所处的时代背景以及演出需要，因此，了解不同历史时期的服装特点对戏剧人物尤其是历史剧人物的服装造型设计来说至关重要。了解服饰的变迁与演变，有助于舞台服装设计师更好地设计剧中角色的服装形象。

第一节　西欧服饰

一、古代文明时期

早期人类以兽皮、树叶、草编等天然材料制作简单的服装，以满足基本的保暖和保护需求。原始服装主要以适应环境和满足基本的生存要求为目的。随着时间的推移，人类逐渐演化出复杂化、多样化的服饰。

到了古希腊时期，服装以简洁、舒适为特点，强调自由流动的线条。古希腊服装的制作不需要裁剪，服装在性别、年龄上区别并不大，可以称作是一块布的艺术，也就是把一块布通过不同的方式穿在身上，形成优美自然的垂褶。这块布不需任何裁剪，是因为布料本身的重量垂下来形成了自然的垂褶，这是最本质、最自然的状态，最大限度地利用和发挥了布料的特性。

古希腊服装最基本的样式是希顿，希顿有两种变化样式，分为多利亚式和爱奥尼亚式：多利亚式不需裁剪，将一块长方形的面料先进行翻折，然后在人体上水平对折包住躯干，两肩处用金属别针固定，别针做工精美，带有装饰性，通过腰带的系扎，任由面料随人的体形自然下垂，生成许多自然的褶裥；爱奥尼亚式面料轻薄，衣褶细腻丰富，自肩部到两臂固定多处。有袖子构成，侧缝缝合，形成筒状，绳带在服装上系束的位置和方式不同，增加服装造型的变化。希顿是古希腊男女皆穿的基本服装样式。男青年通常穿着短的希顿，至膝部，年长的男性和女性则穿较长的，至脚踝。由于希顿都特别宽肥，系带之后，全身上下垂满无数自然的褶裥，使平面的衣料看上去更有立体感，这些自由的褶裥还随着人体的动作而变化不定，具体的穿法及系带的变化又会产生外形的改变，总之这种服装造型既单纯又变化无穷。

希腊男女的外衣有两种，一种是披身式长外衣，另一种是短式斗篷外衣。这种披身式长衣被称为希玛申，一般穿在希顿的外面，没有固定的造型，在披挂缠绕的时候可以任意发挥和创新，有时可以将头部盖上。另一种外衣叫作克拉米斯的短式斗篷，色彩多为红、土红色，通常披在左肩，用扣针将两端系在右肩，如果想使两只手臂更为灵活方便，不受束缚，还可以将它系在胸领部周围。

尽管雅典人的衣服并不具有阶级等级性，然而在穿着上还是有区别的，一个人的社会声望和地位高低，在很大程度上可从他的服装是否宽松优雅、庄重美观看出。

古希腊服饰造型的特点可归纳为：①面料的悬垂性和线条的流畅性；②服装的披挂性和缠绕性；③服装的自由性和变化性；④舒适性和功能性，适合人体的各种动态活动；⑤以无形之形的方式表现人体。突出人体的肩部、腰部，面料虽较为厚重，但藏不住人体整体的感觉，故被称为"无形之形"的服饰。

古罗马服饰某种程度上继承了希腊的服饰，形式和种类没有太大区别，最具典型代表性的服装为"托加"和"丘尼卡"。托加是希玛申的演变，作用相同，由矩形变成椭圆形，丘尼卡基本就是古希腊爱奥尼亚式希顿的延续。相比较而言，古罗马服饰在继承希腊服饰的基础上，将其演变得更为复杂、更具有明确的性别意识。罗马人的长袍略宽松些，穿起来较烦琐，根据地位不同会有不同颜色、形状的花边或刺绣作为装饰，边饰比希腊更富有变化，有很多纹样。古罗马人在鞋上也区分出等级，贵族们在鞋上装饰宝石。

总体而言，古希腊男女皆穿的基本服装叫希顿，分为多利亚式和爱奥尼亚式两种，分别对应希腊两种独特柱式风格。外衣也有两种样式，即披身式长衣希玛申和叫作克拉米斯的短斗篷。这些服装都可随穿着者的审美倾向和不同的穿着需求，进行自由调节和变化，呈现出个性。全身上下垂满的自然褶裥也增加了衣料的立体感，服装本身就宛如一件雕塑。古希腊服饰和古希腊建筑一样都给人一种自然、均衡的美感。古罗马服饰某种程度上是对希腊服饰的继承，形式和种类没有太大区别，只是演化得更为复杂，服饰中开始出现了一些等级意识。

二、中世纪至文艺复兴时期

（一）中世纪哥特式服饰

中世纪时期出现显著的贵族与平民的服饰差异，贵族穿着繁复的长袍、披风，平民则穿简单的衣物。中世纪哥特时期的服装强调垂直线条，通过长袍、高耸的尖顶头饰、修长的袖子、锥形的裙摆，营造出纤细、华丽的外观。

这一时期建筑上主要以教堂高耸的尖塔为特征，这样的美学观也体现在服装上，无论男女喜欢穿尖头鞋，人们以长为高贵。据说王族鞋子长度为脚的2倍多，为让细长脚尖翘起，鞋尖有填充物，有时过长不好行走，就用金链子固定膝部。中世纪的贵妇戴高高的尖顶帽子，裙长是一种等级的标记，只有高贵的女性才允许后摆拖地。

从哥特式服装开始，服装裁剪方法不再是古代二维平面构成，转变为近代三维空间构成，也就是在这时西方服装和东方服装在构成形式上开始分道扬镳。这一时期的格陵兰长袍在服装史上占有特殊的地位，是二维转向三维的见证，格陵兰长袍的裁剪方法是在左右和前后两面腋下嵌入数个三角形布，这些三角形布拼接后在腰身处形成许多菱形空隙，这些空隙实际上就是现今人们在服装中常用的省道，省道使服装更加合体，从而构成了服装不曾有过的立体效果。

中世纪的贵族有披斗篷的习惯——这种斗篷叫作曼特，是身份的象征，形状上也比较多样，有半圆形、圆形、椭圆形。在神权统治和禁欲主义支配下，13世纪服装总的特点是尽可能把肌肤包藏起来，不显露体型，14世纪后才逐渐发生变化。

（二）文艺复兴时期服饰

文艺复兴时期服装开始展示人体的魅力，讲究华丽精致，性别特征极端分化。男装呈现上重下轻的倒三角形，这一时期男装的最大特点之一是大量使用填充物，加强肩部和胸的宽阔，下身通常是有填充物的短裤配紧腿长袜或连裤袜。对比强烈的箱型造型强化男性威猛雄壮的外形特征。当时男士一般留短发、蓄络腮胡、头戴礼帽、脚穿方头鞋，服装上常常有一套衣服配几副活动袖子的穿法。

女性从这一时期开始穿着紧身胸衣与裙撑，以强化女性的优美曲线。紧身胸衣从文艺复兴开始流行近300年，为了获得完美的身段，许多贵族家的少女在母亲的监督下，从小有计划地长期进行束腰活动，腰被勒得很细，以突出庞大的裙撑。就像我国古人喜欢三寸金莲一样，西方人认为美丽的姑娘必须腰肢纤细，据说当时最细的腰围只有37厘米。上流社会女性都被禁锢在这紧身胸衣里，甚至有些时髦男子也不例外，导致身体的极度变形，内脏移位，寿命缩短。直到20世纪第一次世界大战以后由于劳动力的紧缺，女性进入到劳动中才使得紧身胸衣消失。

文艺复兴时期服装样式的特征有以下几点。

首先第一个特征是填充物与装饰切口的使用。这一时期在男性上衣、短裤及男女袖子上开始大量使用填充物，男装增加填充物是为了强调肩部、上臂和胸部，让肩胸显得宽阔威武。男女袖子也被塞进填充物，所以肩部和袖子都被填充得很厚重，造成僵硬状态。袖笼无法严密缝接，需要巧妙的办法加以连接，如系带固定。袖子因为是独立制作，所以可以随时拆卸。为了掩饰袖根与肩头的接缝，就出现了肩饰。

在袖子的造型上，出现了许多新奇夸张的样式，如泡泡袖、羊腿袖，还有一种是一段一段扎起来像莲藕或糖葫芦似的袖子。这些造型广泛用于当时的男女袖子上，并且，同一件衣服可根据需要调换不同面料、颜色和造型的袖子，使一件衣服变化多端。据记载，当时人在送礼时，有仅仅送一对袖子的，可见袖子的重要意义。

切口实际上是当时服装中的一种装饰手法，即把外层衣服或面料切开或剪开成一道道有规律的口子，这些切口裂开后露出衬料和内衣，使两种不同面料相映衬，这种独特的装饰效果在当时非常流行并且变化多样。

其次是轮状皱领 —— 拉夫领（Ruff），这是独立于衣服之外的一种领饰，从 16 世纪一直流行到 17 世纪，是文艺复兴时期一种独具特色的服饰部件，佩戴者多是有身份的贵族皇室。这种领子成环状套在脖子上，其波浪形褶皱是一种呈"8"字形的连续褶裥，用浅色亚麻布或细棉布裁制上浆固定成型后使用。这种领子成环状套在脖子上，宽大的领子卡住脖子，转动不便，人们强制性表现出高傲的姿态，以致贵族们吃饭时还要使用特制的长柄勺。

最后是女装裙撑、紧身胸衣的盛行。16 世纪发明裙撑，并一直沿用到 19 世纪末，它与紧身胸衣配合，塑造出一批又一批女性的理想形体造型。此时的裙撑有三种样式：①西班牙式，为吊钟型裙撑，用一圈比一圈大的鲸须或金属丝缝制在厚质的衬裙上，从下摆至腰部呈收缩的圆锥状，罩在外面的裙子形成真正的钟形。②英国式，英国式与西班牙式结构近似，但造型上不是圆锥形，而是椭圆形，外裙向左右两边撑开，左右宽，前后扁。以上两种裙撑使女子出门落座，甚至上厕所都感到困难。③法国式，像轮胎样的环形填充物围绕在腰以下的臀腹部，两个顶端用带子系结，使之固定，外裙罩在下面被撑起而显得饱满。较之另两种裙撑，它更便于人的活动。

中世纪的戏剧是为宗教服务的，中世纪的服饰也是一样，是为了配合基督教禁欲思想的传播而形成的。由于宗教保守思想的引导，在服饰审美上人们朴素、保守，用宽大、封闭的服装将身体的曲线轮廓和性别特征遮掩得严严实实。女性甚至还要用面纱将容颜遮盖，拒绝服饰上多余的装饰，以此表达对宗教的虔诚。而文艺复兴运动人文主义的复兴，重新唤起了人们对人体美的渴望，但多数状态下人体并不完美，于是只有靠服装设计的各种手段来完善人体的美感，达到理想中的完美状态。其实许多设计现在看来也许并不符合人体工学，甚至有些不人道，但这些都是时代变迁下的时尚产物，也是历史的见证。

三、巴洛克至洛可可时期

（一）巴洛克时期服装

巴洛克与洛可可是17—18世纪流行于欧洲的两种艺术风格，都属于贵族艺术。巴洛克风格产生的主要原因是宫廷生活使得贵族、新兴的资产阶级更加追求奢华。巴洛克时期服装通常分为前后两个阶段，即荷兰风时期和法国风时期。

1.荷兰风时期

荷兰风时期主要是在17世纪前半叶，这一时期的服装风格是装饰华丽、富丽堂皇，填充物、紧身衣、撑裙逐步减少，服装向较为自然的形态发展。这一时期男装不仅流行去掉拉夫领，且出现了一种柔软平坦的花边方形大翻领，像一个小披肩披在肩上，直到现在荷兰民族服装也可以看到这种衣领。衣身填充物减少，变得适体，并且有纽扣可以扣合了，外衣上出现繁多装饰性强的排扣。南瓜状的马裤长筒袜延续下来，不同的是有很多花边，这是时代的特征。

女装最突出的变化也是领型的变化，出现多种外翻的领型，如敞口轮状褶领、扇形蝉翼纱领（折成扇形的纱质领子）都是17世纪前期流行的式样。同时服装中也逐渐去掉了紧身衣和裙撑，最突出的是改变了以前过度夸张的造型，把女性身材勾勒得平缓、柔和而自然。但是人们毕竟还没有真正认识到自然和健康的意义，所以之后更浮夸的衣裙和更精致的紧身衣很快又流行了起来。

2.法国风格时期

17世纪后半叶，法国风开始兴起，服装风格变得矫饰浮华。这一时期，装饰受到重视并变得奢侈起来，特征之一就是缎带和花边的使用，特别是男性服饰也用到了大量的缎带和蕾丝花边。

男装在这一时期出现了从未有过的华丽和妖媚，历史上最华丽、最妖媚的男装就在巴洛克时期。男装最大的特点是大袖子蕾丝花边、带马刺的靴子、羽毛大帽子和佩剑。里层的衬衣非常浮夸华丽，一般用白色或浅色柔软的丝绸制成，十分肥大，腰间和袖子多处用缎带系结，多层的灯笼状裙型马裤也是突出的特点，裤腰裤腿两侧和裤边都镶有缎带、蕾丝花边，层层相叠。下面是紧身长袜，鞋子一般是方头，鞋跟很高，一般是红色，鞋上装饰花朵或缎带，主要在少数贵族间流行，服装上布满了繁复堆砌的各种缎带、花边，过分的装饰使得男子服装达到了奢华和人工造作的顶峰，使得男子形象带有女性的妩媚，丧失了男性应有的性别魅力。

这一时期的女装袖子变短，不再是文艺复兴时期那种僵硬的造型，袖长到肘部，袖口装饰有蕾丝或缎带蝴蝶结。并且越来越重视衬裙，最早是用衬裙代替裙撑，后来就逐渐增多了它的层数，重叠穿三条颜色不同的肥大裙子，从而使下半身显得膨大。虽然 17 世纪废除了裙撑，但实际上外裙依然膨起，是通过多层衬裙来实现的，这种运用显然有利于身体的自由活动，行走时提起外层裙子的一角，露出里面的裙子，显得含蓄又有变化，利用重叠方法体现女性的特点，这也是巴洛克时期服装的一个重要特征。

后期呈现出一种新的风格，再次采用裙撑的形式打破人体自然形态，"撑裙腰垫"成为路易王朝宫廷的流行风尚，它夸张女性臀部的曲线，臀后裙摆肥大，托于身后，臀部显得丰盈。最外层的裙子从腰开衩向外翻，有时还用花结或扣子系起来，有时把外面裙子向后翻，在臀部打结，以塑造夸张的女性身体曲线。

巴洛克服饰的特色就是花边、缎带、长发、皮革，服饰造型上强调曲线，装饰华丽。女子服装先有重叠裙，后有敞胸服，并饰花边，体现出女性的纤细与优美。女装特点是纤腰凸臀，仍然采用紧身衣，裙撑则被淘汰。高跟鞋开始成为男女时装的一个重要元素。男性戴手套成为 17 世纪开始流行的风尚。到了后期，女性流行在脸上贴上或点上黑痣，俗称为"美人斑"。太阳王路易十四热爱时尚，如果说 17 世纪的巴洛克服装是以男性为中心，以路易十四的宫廷为舞台展开奇特装束，那么与此相对，18 世纪的洛可可风服装则是以女性为中心，以沙龙为舞台展开的优雅样式。

（二）洛可可时期服装

洛可可风格是巴洛克风格的延续和发展，它以维持完美的曲线为特点，紧身胸衣和裙撑成为这一时期人们再次追捧的对象，但洛可可时代的细腰比 16 世纪更为自然，比巴洛克时期更为明显突出。这一时期，花边、缎带、人造花饰物等装饰华丽烦琐，从电影《绝代艳后》的剧照中可以感受到 18 世纪宫廷贵族礼服的华丽。

洛可可服装的另一特点是颜色淡雅柔和，多采用丝绸面料，追求质地柔软。除了淡雅柔和的色彩，繁复的装饰也是这一时期服装的特点，无数的蕾丝花边、缎带花朵、小碎花，使得着装女子犹如置身万花丛里。烦琐的假发、头纱、面具、扇子等小巧精致的饰品也是这一时期的服饰特点。将蕾丝发扬光大的当属18世纪欧洲沙龙女王——法国国王路易十五的情妇蓬巴杜夫人。蓬巴杜夫人是洛可可女装最华丽的代表，油画《蓬巴杜夫人》中可见繁复的装饰、奢华轻柔的面料，以及无数花边、缎带、人造花饰物缀满全身，整个服装如花似锦。袖子上也使用了三层的蕾丝花边，这也是洛可可时期服饰的重要标志元素。

洛可可女装非常精致、奢华、华丽、优雅，男装这一时期也是同样的优雅奢华。这一时期男装也时兴细腰身，除了领口和袖口上层层叠叠的蕾丝花边，面料上有精致奢华的刺绣，男性还带假发穿高跟鞋，脸上涂粉上妆，表现出阴柔妩媚的气质。

洛可可风在路易十五时代达到鼎盛，这一时期的裙撑叫作帕尼埃，体积越来越大。1740年后，逐渐变成前后扁平、左右横宽的椭圆形，出门时盛装打扮的贵夫人只好横着走，否则无法通过。1770年，设计出可以自由开合的帕尼埃，外面罩有衬裙，裙子上装饰褶皱飞边、蕾丝、缎带蝴蝶结、鲜花、人造花。因此，这一时期女人被称作"行走的花园"。

路易十六的妻子玛丽皇后是历史上著名的法国王后。她的奢侈生活方式在历史上臭名昭著，其过度的消费行为加剧了法国财政的危机，导致了法国人民的贫困和苦难，最终触发了历史上著名的法国大革命。电影《绝代艳后》通过真实再现紧身胸衣对女性身体的折磨，反映了当时社会对妇女地位的忽视和压迫。女性在时代和思想观念的变迁中，不得不改变自己的身体形态，以适应社会对美的标准，这一过程充满了曲折和艰辛。当时的社会风气将女性的自然形态视为需要矫正的对象，通过夸张的裙撑、打褶的花边、繁复的缀饰、低胸衬裙、印花布料、精美透明的蕾丝花边、带有金丝银丝的彩色缎带、以假乱真的布艺绢花、弯弯曲曲的立体花边、精致考究的刺绣、薄如蝉翼的丝绸飘带、色彩艳丽的羽毛、裁剪合理的自然荷叶花边、昂贵的珠宝首饰等，来塑造女性形象。袖口的花边通常也是两三层，甚至五六层，胸部永远是装饰的重点，不同大小的缎带蝴蝶结同时出现在胸前、袖口、裙摆，脖颈、头发上。

四、十九世纪以后

19世纪后，随着社会进步，人们对服装的观点也逐渐发生了改变，工业的进步和更高级裁剪技术的出现，使服装的面料和款式更为多样化。过去人们都效仿着宫廷里流行的时尚，宫廷贵妇引导时尚潮流，19世纪后则更多是为了适应社会生活而装扮，更加追求服饰的实用性。上个世纪的裙撑、紧身胸衣不再受到追捧，人们开始向往和追求古典和自然，女装的样式和整体风格开始了较大的转变，裙撑越来越小，许多繁复的装饰也随之消失了，男装摆脱了法国宫廷式的烦琐华丽，开始注重表现男子的威严气派，顺应了新时代的审美观。

18世纪末至19世纪，西方多种艺术流派兴起，这些流派对服装风格产生了显著影响。特别是在18世纪末至1825年的新古典主义时期，帝政风格的服饰成为主流，其典型特征包括高腰长裙、悬垂的衣褶以及H形或梯形的造型。这种风格与洛可可时期的装饰繁多、矫揉造作形成鲜明对比，女装特点在于褶皱裙摆及地，素雅的色彩和轻薄柔软的面料，裙装自然下垂形成的丰富垂褶与古希腊服装风格相似。此外，裙子流行两种颜色重叠穿用，这种设计不仅增加了视觉层次感，也体现了新古典主义对简洁、自然美的追求。新古典主义风格的服装表现了一种英国式的田园风格，强调了对古典文化的回归和对自然美的赞美。这一时期的服装设计不仅反映了当时社会的文化倾向和审美趣味，也展示了服装设计师们在艺术表达上的创新和探索。

19世纪初，男装的流行趋势逐渐转向简约风格，减少了刺绣和装饰元素，同时男士们开始卸下沉重的假发头套，转而留起更为轻便的发型。服装的面料选择也发生了变化，从过去男女共用的华丽丝织物转变为更加朴素的毛织物，这反映了当时社会对实用性和舒适性的重视。

1825—1850年，浪漫主义风格的女装以绚丽奔放的X形设计而闻名。这一时期的女装强调了女性的细腰，肩部设计不断扩张，袖子设计也极度夸张，形成了标志性的泡泡袖和羊腿袖。为了进一步突出细腰效果，袖根部甚至使用了金属丝和填充物作为撑垫，以营造出更加夸张的体积感。这种设计不仅展现了女性的柔美，也反映了当时社会对女性形象的理想化追求。

在19世纪末的新艺术运动期间，女装风格经历了显著的变化，S形女装的流行标志着裙撑和紧身衣的回归。这种设计强调了女性的曲线美，巴斯尔臀垫的使用进一步突出了女性的体态。新印象派画家修拉的名画《大碗岛的星期天下午》中描绘了一对夫妇，女子的着装体现了当时流行的巴斯尔样式，她头戴簪花小帽，手撑阳伞，深色服装的外形呈现出前凸后翘的S型曲线，裙尾拖地。男子的着装则反映了当时典型的绅士形象，他头戴高顶礼帽，身穿套装，手拿文明杖。这些细节不仅反映了当时社会的审美趋势，也展示了服装在塑造性别形象和表达社会身份方面的重要作用。

进入20世纪后，女装摒弃了裙撑和过去繁复华丽的装束，转向更为简洁的风格。上个时代的 S 形外轮廓线不再流行，取而代之的是对女性特征的弱化，如刻意压平胸部和臀部，追求类似少女的体形，腰线也降低到胯部，以掩盖成熟女性的曲线。到了 20 世纪末，女装风格进一步向男性化方向发展，反映了社会对性别角色和着装规范的重新思考。

20 世纪的男装种类丰富多样，三件套西装成为男士着装的主流，它根据场合和穿着时间的不同，成为了一种礼仪习惯。男装的礼服款式包括燕尾服和晨礼服。燕尾服的特点是前腰节水平向两侧截断，后边开衩呈燕尾式；晨礼服则是一种前襟从高腰身处斜着向后裁下来的大衣，通常上下身采用不同颜色的搭配。西服套装分为正式和休闲两种风格，正式场合通常选择深色系，休闲场合则可选择更为轻松的色彩和面料。外套包括风衣、夹克等，适合多种天气条件和休闲场合，此外还有专为户外设计的户外服。20 世纪的男装不仅反映了社会的礼仪规范，也体现了男士对时尚和实用性的追求。随着时代的发展，男装的款式和功能不断演变，以适应不同生活场景和个性表达的需求。

西方历史服装的精髓在于其对三维立体造型效果的重视。紧身胸衣和大裙撑的长期流行，不仅反映了西方女性的审美取向，也体现了古代西方社会的贵族意识。上流社会的贵妇们穿着紧身胸衣，以示与宫廷的密切关系。例如，英国女王伊丽莎白一世（1558—1603）虽外貌不扬，但身材细瘦，她极力倡导束腰，并特制了腰围仅 13 英寸（约 33 厘米）的紧身衣。据记载，她甚至规定只有腰围在 13 英寸以下的女性才可进入宫廷，导致当时英国女性纷纷效仿。

古希腊流行的希顿制作简单，仅用扣针和腰带固定，完全展现人体自然形态。17 世纪荷兰风时期的女裙不使用大裙撑，18 世纪末古罗马风格的女裙则追求古典简洁。文艺复兴时期、洛可可和维多利亚时期则流行制作复杂、带有紧身胸衣和大裙撑的女裙。

西方文艺复兴后流行的女裙式样不再简单裁剪，而是将服装分成多个部分，每部分都经过复杂缝制后组合成完整的造型。这种服装观念强调通过立体塑形来表现女性的细腰、宽胯等生理特征，这种塑形服装观念在西方流行了数百年，与强调二维造型的中国历史服装形成鲜明对比。

紧身胸衣和大裙撑的使用首先体现了西方服装制作技术的高度发达。紧身胸衣通过多块分割剪裁的面料缝合，中间缝出多个通道，插入鲸须，使服装紧束身体而不起褶皱。大裙撑则通过宽大的裙片和多道裙撑通道，配合鲸骨或金属裙撑，塑造出夸张的立体造型。在古代西方，紧身胸衣和大裙撑的使用创造了西方女性优雅的体态。然而，这种追求细腰的审美要求也导致了健康问题，甚至有因紧身胸衣过紧而丧命的案例。20 世纪，紧身胸衣和大裙撑在生活服装中消失，除了不舒适和健康原因，也因为它们不符合现代生活方式和节奏。现代交通工具如汽车、火车和飞机的空间限制，无法容纳大裙撑所占空间。尽管紧身胸衣和大裙撑在现代生活服装中已不复存在，它们在表演服装、礼仪服装中仍然具有魅力。

西方文化崇尚人体美，不忌讳表现性感。古典模式是表现女性的第二性征，如露颈、露肩、露背、以紧缩腰围和垫臀来表现女性曲线。现代模式是以简约的形式表现人体的自然身形，以短露和紧身为现代时髦。自文艺复兴以来，胸、腰、臀起伏所构成的人体曲线一直是西方女装造型的重点，紧身胸衣和裙撑则是这一造型方式的主要手段。

服装的历史演变反映了社会、文化和时尚的变迁。每个时期的服装都承载着独特的价值观和审美趋势，同时也受到技术和制作工艺的影响，从而形成了多元而富有变革性的发展历程。服装的发展史就是一部人类文明的发展史。在进行服装造型学习之前，只有深入了解服装的发展历史，才能理解不同时期服饰的设计风格和艺术表现，从而运用到舞台服装设计中。

第二节　中国历代服饰

早在旧石器时代晚期的山顶洞人时期（距今 1.9 万年左右），就出现了最原始的缝纫工具——骨针。从河姆渡新石器时代遗址出土的纺轮、骨刃、绕线棒等许多纺织工具，表明 7000 年前的人类就已能纺纱织布了。中国是世界上最早使用丝绸的国家，一块由浙江吴兴钱山漾出土的绢片是至今发现的世界上最早的丝织品，证明了 4700 年前我们的祖先已经有了像样的丝织物品。在此基础上，中国服装不断发展，历经了上古时代的萌芽，先秦时代的形成，秦汉时代的成熟，隋唐时代达到鼎盛，又经宋元时代的融合、渗透，再到明清时代的完备与终结，以及近现代的变革等各个不同的历史时期，绵延数千年，不断变迁。2000年前所开创的"丝绸之路"，让中国的古老文化走向世界，其中服装文化影响深远。到了唐代，中外交往更为频繁，使得中国服饰对世界的影响更为显著并一直延续至今。

几千年的中国服装，其基本形制只有两种，即在奴隶社会初期出现的上衣下裳制的衣裳、襦裙和在春秋战国时期出现的上下连属制的深衣、袍、衫等。各朝代、各时期的各种类服装均按照这两种基本形制发展变化，服装结构也长期保持着同一种模式。此外，还把鞋帽作为服装不可分割的整体，称之为"首服"与"足服"，它们都直接影响了中国服装的发展变化。

服饰色彩通常用来区分等级、表明尊卑、显示身份、表达观念、表现情感，色彩一直是历代服装最富感染力的手段。初期的颜色比较单纯、明快、对比强烈，以后随着染色技术的发展及色谱的增加，服装色彩的种类也逐步增多。

图案纹样方面，早在周代的冕服上就出现了十二章纹，楚汉时期"衣作绣，锦为缘"，袍服上不仅有精美的纹样刺绣，而且在袖、领、襟、裾边装饰有花边。明代的吉祥纹样使服饰图案的发展达到了高峰，其纹样种类包括几何、动物、植物、人物、器物等多种形象，表现手法有抽象的、写实的、变异的不等。不同的历史时期表现出不同的艺术风格，由于它所显示的意义已超出了服饰本身，因而得到了充分的发展，成为中国服饰文化的重要表现形式。

除此之外，中国历代服装的内容还包括服饰配件以及与人物形象不可分的发式、妆式以及穿着方式等，都同样表现出鲜明的个性与特色。

一、先秦、秦汉、魏晋服饰

（一）先秦服饰

1.冕服

根据文献记载和出土文物分析，中国冠服制度初步建立于夏商时期，到周代已完整完善。冕服是古代帝王、诸侯、卿大夫等的礼仪服装，冕服在周代已经形成，在历代沿袭中虽有所损益，但其等级意义被完整保留下来。冕服是中国古代最重要的礼服。

冕冠在首服中是最尊贵的礼帽。头戴冕冠，是帝王冕服的最大特征，其具体形制主要是冠顶一块平放的木板。

冕服采用的是上衣下裳的基本形制，即上为玄衣，下为纁裳。玄指带赤的黑色或泛指黑色，纁裳指绛红色的下裙。

冕服上的纹饰——十二章指的是十二种图案纹饰，或绘或绣于服装上，它从西周以来为历代帝王所采用。夏商周时代，冕服将日、月、星辰、山、龙、华、虫绘于衣，还将宗彝、藻、火、粉、米、黼、黻绣于裳。图案纹样是居于现实主义的想象。

后来，适应周代礼仪规范需要的冕服，也成为后代统治者祭祀典礼上衣冠服饰效仿的对象。尽管每个朝代都有变更，但其基本形式和内容本质没有变，一直延续到封建社会后期才被废除。随着春秋战国时期织绣工艺的巨大进步，服饰材料日益精细，品种名目日渐繁多，工艺的传播使多样、精美的衣着服饰脱颖而出。

2.深衣

深衣是春秋战国时盛行的一种特色服式。天子至庶人都可穿用深衣，衣裳连在一起，"续衽钩边"，不开衩，衣襟加长使其形成三角绕至背后，以丝带系扎。古人服装上衣下裳，所谓裳，实际上就是裙。深衣没有佩饰物件，也无礼法的约束，以其穿着的便利性得到广泛的运用。

深衣有将身体深藏之意，是士大夫阶层居家的便服，又是庶人百姓的礼服，男女通用。制作时上下分裁，中间有缝相连接，用途广泛，隆重程度仅次于朝祭之服。

3.袍服

袍的形制也是不分衣裳。袍服是在深衣的基础上形成的，腰部没有断缝，实为一种长衣，并且袍里夹有棉絮。短的袍又称为襦。周时，穿袍必另加罩衣，不能作为礼节之用，仅作里衣用。汉代，袍制有所发展，不仅家居不加罩衣可穿用，而且在领、袖、襟、裾等处缀以缘边，发展成为男子礼服。尤其男子尚袍，以袍为雅。周代命妇的祭祀礼服多采用袍制，意谓妇人尚专一，所以不分衣裳。

4.胡服

公元前 307 年赵武灵王为了对抗北方游牧族群的入侵，颁胡服令，推行胡服骑射。胡服与当时中原地区宽松的服装有较大差异，特征是衣长齐膝，裤子紧窄，腰束郭洛带，用带钩，穿靴，便于骑射活动。因为胡服轻便实用，所以很快从军队传至民间，被广泛采用。胡服是与中原人宽衣大带相异的北方少数民族服装，其总的服饰特点是左衽、窄袖、开衩、便于乘骑等。

（二）秦汉服饰

秦代服制与战国时无大差别，保持中国服饰深衣的基本形制。西汉男女服装仍沿袭深衣形式，不论单、棉，多是上衣和下裳分裁合缝连为一体，上下依旧不通缝、不通幅。外衣里面都有中衣及内衣，领袖缘一并显露在外，成为定型化套装。下着紧口大裤，保持"褒衣大裙"风格。秦代服色尚黑（秦人尚武尚黑）。汉代的衣服主要的有袍、襜褕（直身的单衣）、襦、裙。汉代因为织绣工业很发达，所以有钱人家就可以穿绫罗绸缎漂亮的衣服，一般人家穿的是短衣长裤，贫穷人家穿的是短褐（粗布做的短衣）。

1. 曲裾、直裾

汉袍的襟裾除了沿用战国时流行的曲裾，还出现直裾的形式。曲裾和直裾为汉代男子服装襟裾式样的两种类型。

先秦深衣的典型特点就是"续衽钩边"，裾，指衣服的前襟和衣摆的连接处。衣服的前襟通过"续衽"后变得更长，并且在右衽内附上"钩边"，掩到后身里面，因此，其襟裾缠绕称曲裾。汉时曲裾有所不同，其"续衽"掩于后身外面，特征是方领，衣襟下达腋部，旋绕于后，这形制多见于西汉时期，以后渐渐为东汉直裾所取代。直裾是随着裤子的进步出现的，其形式是外襟（即续衽部分）折到右侧身旁。

汉代袍服也有曲裾、直裾二式。袍服以大袖为多，袖口部分收缩紧小。紧窄部分为"袪"，袖身宽大部分为"袂"，袍服的衣领扣袒露，穿着时衣领的两襟相交，称为交领，能露出里衣。汉代袍服在领、袖、襟、裾等部位缀以边缘，一般其色彩、纹样较衣身朴素。

袍在发展演变过程中，从内衣变为外衣，从便服上升为礼服，变化较多。各代称之为袍的服装，具体形制也有区别。在汉代，凡被称为"袍"的，具备以下几个特征：①采用交领，两襟相交垂直而下。②质地较厚实，有时纳有丝絮等物。③衣袖宽大，形成圆弧形，至袖口部分则明显收敛。

2. 单衣

单衣自先秦时期就已经出现，当时称为中衣，穿在祭服、朝服的里面，其形制与袍一样为连衣裳的长衣，没有衬里，仅单层。秦汉时期，单衣长短有别，长单衣称为襜褕，短单衣称为中单（这种短的中单在秦始皇时期又叫"衫"）。汉时仕宦平日燕居一般多服单衣，尤以较长的襜褕为多，可单独穿在外面，也可作为官员朝服的里衣穿在袍服里面。襜褕也发展为直裾，但直裾的襜褕不能作为正规朝服。

3.女子深衣

秦汉服装多沿袭前代，女装主要分为两类，一是作为礼服的深衣，二是日常之用的襦裙。汉代女服具有古拙朴质的特点，礼服以深衣为尚。汉代曲裾深衣是女服中最为常见的服式，衣身长可曳地，下摆呈喇叭状，行不露足。衣袖有宽窄二式，袖口多有镶边。衣领部分很有特色，通常用交领，领口很低，以便露出里衣，有时多达数层，所以也称"三重衣"。这种绕襟深衣衣襟多层绕转，穿着时腰身一般裹得很紧，为使盘绕的衣襟不至于松散，另加一条丝带系扎，或系在腰际，或束在臀部。

4.襦裙

汉代妇女日常着装为上衣下裙，上衣多为襦，下衣为裙。襦为一种短衣，长度只到腰际，穿时多配用裙子。妇女下裳除裙之外还有裤，其上端以带系住，穿在外裳的里面。襦裙出现在战国时期，在汉代，仍沿袭其基本样式。襦裙是我国服饰史上最早、最基本的服装形制之一。尽管2000年以来长短宽窄、纹样修饰时有变化，但基本形制始终保持着最初的形式，也就是典型的"上衣下裳"衣制。

（三）魏晋南北朝服饰

魏晋南北朝是政治和经济动荡的时期，士大夫阶层形成了消极的社会风气，追求"对酒当歌，人生几何"的享乐主义，沉沦于颓废的生活方式，以老庄、佛道思想为时尚，这种风气也直接反映在人们的衣冠服饰上，最有代表性的是当时的"竹林七贤"的穿着。宽衣博带是这时期的流行服饰。男子穿衣敞胸露臂，衣服披肩，追求轻松、自然、随意。女子服饰则长裙拖地，大袖翩翩，饰带层层叠叠、优雅飘逸。南北朝时，北方少数民族入主中原，人民错居杂处，政治、经济、文化风习相互渗透，形成大融合局面，服饰也因而改易发展。北方民族短衣打扮的袴褶渐成主流，不分贵贱、男女都可穿用。

魏晋南北朝时期服饰式样存在两种主要形态，一是自魏晋以来承袭秦汉旧制的汉族服式，二是沿袭北方风俗的少数民族服式，两者相互影响。

魏晋时期服式上仍以襦、衫、裙、裤为主。相比汉代其衣式明显宽博，男子多宽衣博带，女子则大袖翩翩。服装整体外观衣纹线条自然、流畅，可见其秀丽之象，柔和、清疏之美。

南朝服饰基本上继承了魏晋旧制，服式以襦、裙、裤为主，以宽博为尚，另有袍及北族影响而发展变化了的裤褶、裲裆等形制。

北朝服饰承袭汉族传统的冠服形制，除了官用服装，少数民族以裤褶为便服和戎服，汉族定居者或保留传统的衫、襦、裙之制，或沿袭胡服。总体看来，北朝的衣式仍保留民族的便利、轻捷特点，衣式不如南朝博大，其袍多为小袖紧身袍，多着小口裤。

1. 男子大袖衫

魏晋时期出现的"衫"与汉代的"袍"有明显区别，袍以交领为主，衫则为直襟式，袍多为两层，或夹或绵，衫有单夹两式。凡称为袍的，袖端应当收敛，并装有祛口。衫则袖口宽敞，且多用白色，一般用作便服，亦可作礼服。由于有对襟、直襟之式，衫的使用比袍更为方便，尤其夏季衫襦既可用带子系缚相连，又可不系带子，任其自然敞开，这点是袍采用的交领式大襟不能做到的。由于不受衣祛等部位约束，魏晋服装日趋宽博，著名的"竹林七贤"画像砖上的人物衣着，就是这种装束的重要记载，这些文人儒士都穿着宽敞的衫子，衫领敞开，袒露胸怀，或赤足，或散发，放任无羁，表现了他们崇尚虚无、轻蔑礼法的品性。这正是魏晋以来，老庄学说基础上风靡一时的魏晋玄学和逐渐传播的佛教对社会风俗乃至服装风尚深刻影响的结果。

2. 女子衫裙

魏晋南北朝女子日常礼服仍以襦衫、裙裤为主，沿袭秦汉遗俗，其样式特点的变化主要反映在衫裙的变化上，以宽博为尚，与男子的宽衣博带相适应，无不大袖翩翩。衣衫以对襟为多，领袖俱施有边缘，下着多条纹间色裙，腰间或有围裳。

魏晋时期，传统的深衣制已不被男子采用，但在妇女中间却仍有人穿着。这种服装与汉代相比，已有较大的差异。衣服的下摆部位加了一些饰物，通常以丝织物制成，其特点是上宽下尖形如三角，并层层相叠。另外，由于从围裳中伸出来的飘带比较长，走起路来如燕飞舞。到南北朝时，这种服饰又有了变化，去掉了曳地的飘带，而将尖角的"燕尾"加长，使两者合为一体。

3. 北方民族的裤褶与裲裆

裤褶：上衣叫褶，下衣叫裤，一种胡服，是一种衣裳分制的服装。

裲裆：所谓裲裆，也就是现在所说的背心或坎肩的意思，其意在挡背挡心。其形制也与现在的背心相似，是前后各一片，在肩部有两条带子相连，腰间再以皮带系扎。

魏晋南北朝是中国古代社会极为动荡的一个时代，服装虽复杂多变，但男子大袖衫和女子裙衫是这个时期服装的主流，并绵延数个世纪。无论男女、贵贱，均以宽衫大袖、褒衣博带为时尚。这种服装集中反映了当时社会生活的方方面面。魏晋南北朝服装还体现了多民族的特征，在民族迁移中出现的许多服式，无论是裤褶、裲裆，还是笼冠、介帻、风衣、风帽等，都反映了汉族与其他少数民族相互学习、相互交融、共同创造的结果。

二、隋唐、宋元服饰

（一）隋唐服饰

唐代承袭了先前历代的冠服制度，同时，又通过丝绸之路及和平政策与异族同胞及异域他国交往日密，博采众族之长，成为服饰史上百花争艳的时代。其辉煌的服饰盛况是中国服饰史上的耀眼明珠，在世界服饰史上也占有举足轻重的地位。

1.男子圆领袍衫

传统的冠冕衣裳只在隆重场合诸如祭祀、朝圣时偶尔用之，其他时候多以幞头袍衫为尚。袍衫是由深衣演变而来的一种长衣，多为窄袖，且用圆领（团领）。其形制明显受到北方游牧民族服饰风格的影响，袖子较窄裹着前臂，袍身适体，多为大襟。圆领袍衫是隋唐时期士庶、官宦男子普遍穿着的服式，当为常服。圆领袍衫受到北方民族的影响，整体各部位变化不大，一般为圆领、右衽，领、袖及襟处有缘边。文官衣略长至足踝或及地，武官衣略短至膝下。

袍衫的颜色是区别官吏等级的重要标志，其主要颜色有紫、绯、绿、青。服装颜色定品之尊卑即始于隋唐。袍服的纹样一般以暗花为多，与男子袍衫相匹配的首服为"幞头"。

唐代男子以穿靴为主，靴子原为胡服，从隋代开始，男子常服六合靴。到唐代，一般文武官员及庶民百姓都可以穿着，只是式样略有差别。幞头、袍衫、靴的组合成为唐代男子的主要装束。

2.女服样式

隋唐五代时期的女子服饰，是中国服装史中最为精彩的篇章，其冠服之丰美华丽，妆饰之奇异纷繁，都令人目不暇接。

（1）襦裙服

襦裙服上着短襦、下着长裙，是隋唐中原女子传统装束。短襦、长裙是隋唐女服的基本形式，它的一个主要特点是裙腰系得较高。到唐代，无论质料之贵、色彩之艳、式样之多，还是装饰之精都大大超过了前代。到了晚唐，袖子逐渐变大，出现了大袖衫搭配披帛的形象。

（2）披帛

在唐画及陶俑中都可见到妇女在肩、背披一幅长画帛，叫作披帛，是唐代女服组合当中最常见的饰物。

（3）半臂

半臂源于隋朝，是襦裙装中重要的组成部分。一般都为对襟，穿时在胸前结带。其形制从出土的实物来看，一般为短袖，长与腰齐，穿时多着在衫襦之外，是春秋季节服饰，最先为宫女所服，后来传至民间。

3.女着男装

唐代男子的日常打扮通常为头戴幞头，身着圆领袍，脚蹬靴子，这套本应该只属于男性的服饰，在唐代也是女性的日常穿扮。女子效仿男子的装束成为唐代女装的一大特点，即穿圆领袍衫，裹幞头，穿乌皮靴。女子着男装，于秀美俏丽之中别具一种潇洒英俊的风度。同时说明，唐代对妇女的束缚明显小于其他封建王朝。唐朝女性追求的"女扮男装"在当时是一种社会时尚。这种装束不仅流行于民间，还一度影响到宫廷。女装男性化是唐代思想开明、时尚开放的表现之一。

4.胡服

唐人善于汲取西北少数民族文化和天竺、波斯等外来文化，唐贞观至开元年间十分流行胡服新装。胡舞的流行及胡服的普及是影响唐代女子装束的重要因素，甚至使汉民族服饰在唐代表现出一个变异的特征，深深留下了外来文化的印记，从另一个角度也体现了唐代服饰兼收并蓄的特点。

盛唐末，回鹘装十分流行。主要原因是西北地区的回鹘曾出兵帮助唐王室平定安史之乱，这使得两国之间的交往更加频繁，也使回鹘装在此时成为了从宫廷到民间都十分流行的女性服装样式。这种服装比较像男子穿的长袍，袖子和翻领都比较窄小，颜色上以红色为主。

进入晚唐以后，回鹘在中原的影响力逐渐消失，而吐蕃的国力逐渐强大，吐蕃和唐朝战和不定，与唐朝的交往更加的频繁，所以晚唐时期的女子服装受到吐蕃的影响比较大。这一时期的女性流行双眉作下垂八字形，唇上涂乌膏，脸上涂金粉。虽然这一时期胡服仍旧流行，却没有像初唐和盛唐时期那样被推崇。

盛唐以前，胡服流行，并承袭隋的小袖，以小袖为尚。盛唐以后，胡服影响逐渐减弱，女服样式也随之变化，比较典型的是衣衫加宽、袖子放大。到中晚唐，袖宽超过四尺，可见当时喜好宽袖的风尚之盛。

襦裙装的领子有多种不同形式，常见的有圆领、方领、斜领、直领、鸡心领。盛唐以后，还流行了一种半坦胸的大袖衫襦，这从侧面反映了当时思想的开放，以及人的自我意识的解放。

总之，唐代女子服装熔铸南北，参用古今，揉合中外，独具特色，是中国古代服饰史上辉煌的一页。其衣料质地考究，造型多姿多彩，装扮配饰富丽堂皇。艺术风格上具有博大恢弘、华丽丰满的特点。其服饰形象仪态大方，雍容华贵，表现了唐代人的自信与旺盛的生命力，唐代女服是唐代人青春、自由、欢乐的精神风貌的写照。

（二）宋元服饰

宋代由于"程朱理学"的思想禁锢，对外政策的妥协退让，使得服饰文化不再艳丽奢华，而是简洁质朴。宋代女装拘谨、保守，色彩淡雅恬静，襦衣、褙子的"遮掩"功能加强，宋时不论权贵的皇亲国戚，还是一般的百姓，都爱穿着直领、对襟的褙子，既舒适得体，又显得典雅大方。

如果说唐代服装的艺术格调是开拓、恢弘的，那么宋代服装则是高雅的，流露出一种淡雅的美，恰合于宋代山水画中那种清淡、静远之美。整个社会舆论都主张服饰不应过分奢华，而应崇尚简朴，尤其妇女服饰更不应奢华。

宋代基本保留了汉民族服饰的风格，辽、西夏、金及元代的服饰则分别具有契丹、党项、女真及蒙古民族的特点。

1.宋代官员和普通男子服饰

宋代承前代制度，制定了上自皇帝、太子、诸王及各级品官，下及吏庶等的各类服装。就其类别来说，宋代官服可分为祭服、朝服、公服、时服、常服等。不同的场合要穿不同的服饰，不同的等级也有不同的服饰要求。

（1）祭服

宋代是崇尚礼制的时代，对祭服的重视几乎到了无以复加的程度，多次颁订，又多次修改，宋代的冠服制度最为繁缛，其中祭服占很大比重，有大裘冕、衮冕、玄冕等，其具体形制大体承袭唐代并参酌汉以后的各代沿革制定。

（2）朝服

朝服并非普通上朝时穿着的服装，而是在大祀、大朝会、大册命等重大典礼时使用的礼服。朝服皆朱衣朱裳，内穿白色罗质中单，腰束大带，并有绯色罗料蔽膝，方心曲领，身挂锦绶、玉佩，下着白绫袜、黑皮履。除这种朝服是统一样式外，官职的高低是以搭配不同来区别的，主要是在有无禅衣（中单）和锦绶上的图案上作级别变化。和祭祀冕服戴冕不同，朝服戴冠，如天子戴通天冠，皇太子、诸王戴远游冠，文官戴进贤冠（梁冠），武官戴笼冠，御史戴法冠（獬豸冠）。

（3）公服

宋朝百官常朝视事，皆穿公服，唯在祭祀典礼及隆重朝会时穿着祭服或朝服。公服仍承袭唐式圆领袍服制度，以用色区分等级。和唐式截然不同处为圆领内必加衬领。下裾加一道横襕，腰间束以革带，头戴幞头，脚穿靴或革履。公服幞头一般都用硬翅，展其两角，只有便服才戴软脚幞头。公服所佩的革带，是区别官职的重要标志之一。

（4）时服

宋代仍沿袭唐代按季节赐发官臣衣服的制度，这种赐服大多以各式有鸟兽图案的锦纹衣料做成，其品种类别、纹样装饰各官有别。

（5）常服

朝服、公服等是统治者、官僚在朝会或公座时穿用的装束，在私下场合则另着一套装束，如袍、襦、衫、襕衫等形式。从隋代开始，帝王统用明黄色制衣，官臣不得乱用。紫色、绯色一般低级官员不得乱用。至于一般下层平民百姓仅限于襦袄、短褐等粗糙之衣。

袍有宽袖广身和窄袖窄身两种类型。有官职的是用锦作面料，即锦袍，无官职者则穿着白袍，庶人着布袍。襦、袄为平民日常穿用的必备之服。短褐是一种既短又粗的布衣，为贫苦人服。衫为没有袖头的上衣。有作为内衣的短小的衫，也有作为外衣的长大的衫。在下摆加接一幅横襕的叫作襕衫，其形式接近唐代的襕袍，与官定的公服形式相似。

此外还有直裰、道袍、鹤（直领对襟）三种宽而大的衣式，都作为外衣，为宋代士大夫阶层平时所穿用，这三种衣式都与当时禅宗思想流行有关。

（6）首服

①幞头：从唐代演变成两种，一是平脚幞头，方形，背后左右两侧伸出一脚，以铁丝、竹篾、琴弦为骨，最初较短，后来逐渐延长。平脚幞头可以随时取戴，和帽子相同，所有的君臣都可通用。另一种是软脚幞头，圆顶，为非官方场合和不同阶层戴用。

②幅巾：又名东坡巾，相传是苏东坡常戴而得名。形制为四角突出，内外四墙，内墙较外墙高出很多，戴上使人有一种端正、持重、高雅之感，因而深受文人雅士喜爱，东坡巾自宋代至明代都为文士、隐官以至朝官所服，成为一种典型的服饰文化形象。

（7）褙子

宋代褙子，男女皆穿，尤其盛行于女服中，是承前期的半臂形式以及前期的中单形式发展而形成的。褙子为长袖、长衣身，腋下开胯，衣襟部分时常敞开，两边不用钮扣或绳带系连，任其露出内衣。领型有直领对襟式、斜领交襟式、盘领交襟式三种，女用褙子以直领式为多。

2.宋代女服

宋代命妇冠服之制与宋代官服相适应，恢复到传统的制度上来。衣式有袆衣、俞翟、鞠衣、朱衣等形制。皇后受册、朝会及诸大事服袆衣。妃及皇太子妃受册、朝会服俞翟。皇后亲蚕服鞠衣。凤冠、霞帔为宋代命妇冠服的一大特征。霞帔与前代的披帛有不同之处，在肩部为左右两条，上面有鸟禽绣文，绣文按命妇品级而定。霞帔披于前身的部位很长，两端合处缀有坠子，后身垂下的部分较短。

宋代妇女的便服大多上身为袄、襦、衫、褙子、半臂等，下身为裙子、裤。衣料为罗、纱、锦、绫、绢等，毛织物不多见，棉布还未普遍。宋代丝织物在前代基础上花色、品种增加了不少，刺绣技术的新发展也应用到服装上来。总的说来，宋朝服饰一洗唐朝的繁复华丽，去掉了过多的修饰和奢靡，变得朴素实用，呈现出了清新、朴实、自然、雅致的景象。

宋代之襦仍作为女子便服，贵者用锦罗加刺绣，襦有单薄之式接近于衫，另有厚实之式则近于袄。袄是襦衍变而来，衣长大多到胯部，以质地厚实的织物制成为多，大襟窄袖，缀有衬里，又称"夹袄"，若其中纳以絮棉，则称为棉袄，这是士庶男女常用的冬衣，其出现在魏晋南北朝，在宋代以后广为流传。

半臂的袖长多在上臂部位，若将半臂袖子加长就近似褙子，若半臂袖子减去，则成为背心，而衣长短的称为裲裆。裲裆在宋代仍有沿用，除军士穿用裲裆甲外，男女均穿裆衫。其长度仅至腰部，如长膝下就同为背心，相当于短袖的半臂了。

宋代妇女的衫质地常用罗，以轻薄质料和浅淡色泽为特点。宋代妇女的裙大多以罗纱为主。裙式仍为妇女主要下裳。裙里面套有裤，裙子样式在保持晚唐五代遗风的基础上又时兴"千褶裙""百叠裙"，褶裥的增多，旋转间可增婆娑之态，尤其舞裙以折褶为多，裙子的颜色有红、绿、黄、蓝、青诸色，尤以红如石榴花的裙色最为惹人注目。裙腰自五代降至腰际，至宋代一直保持，腰间系以绸带，并佩有绶纹垂下。唐时裙长贴地，其意在于掩住妇女的大足，宋沿袭旧俗，仍裙长曳地。总体来看，宋代女服在沿袭前代服式基础上，集中体现出宋人所追求的典雅娴淑之美，这点在衣式的修长、色泽的浅淡等方面反映较为明确。

3.元代少数民族服装

元代蒙古族男女均以长袍为主，样式较阔大。辽、西夏、金分别为中国古代契丹、党项、女真民族建立的政权，其服饰反映了在与汉民族进行长期文化交流中，各自发扬民族传统的发展轨迹。

党项族妇女多着翻领胡服，领间刺绣精美。契丹、女真族一般穿窄袖圆领齐膝外衣，足下着长统靴，宜于马上作战射猎；妇女穿窄袖交领袍衫，长齐足背，都是左衽，正与汉人相反。辽金政权考虑到与汉族杂处共存的现实，都曾设"南官"制度，以汉族治境内汉人，对汉族官员采用唐宋官服旧制。契丹、女真男服因便于行动，也为汉人采用。

三、明、清服饰

（一）明代服装

由朱元璋领导的农民起义军在公元1368年推翻了蒙元的统治，重新建立起汉族掌权的统一封建王朝——明王朝。明代最有特点的服装当属官服。明代官服排斥元代异族服饰，禁胡服、胡语、胡姓。朱元璋下诏：衣冠悉如唐代形制。于是明代官服上采周汉、下取唐宋，出现了历代官服之集大成现象，成为封建社会末期官服的典范。

明代以汉族传统服装为主体，清代则以满族服装为大流。两代上下层社会的服饰均有明显等级区分。上层社会的官服是权力的象征，历来受到统治阶级的重视。自唐宋以后，龙袍和黄色就为王室所专用。百官公服自南北朝以紫色为贵。

1.男子官服与民服

明代官服以袍衫为尚，头戴梁冠，着云头履。革带、佩绶、笏板等都有具体安排。明朝因皇帝姓朱，遂以朱为正色，又因《论语》有"恶紫之夺朱也"，紫色自官服中废除不用。最有特色的是用"补子"表示品级。补子是一块约40—50厘米见方的绸料，织绣上不同纹样，再缝缀到官服上，胸背各一。文官的补子用鸟，武官用走兽，各分九等。平常穿的圆领袍衫则凭衣服长短和袖子大小区分身份，长大者为尊。

明代官员的服装很有特色，等级森严，一般来说，明朝官员的服装有朝服、公服、常服之分。普通百姓的服装或长、或短、或衫、或裙，基本上承袭了旧传统，且品种十分丰富。服饰用色方面，平民妻女只能用紫、绿、桃红等色，以免与官服正色相混，劳动大众只许用褐色。

（1）祭服、朝服

明代百官服装考究、繁复，反映出鲜明的等级秩序。朝服是最隆重的礼服，是大型典礼如大祀、庆成、正旦、冬至及颁诏开读、进表、传制时的百官穿服，以红色为主色，以梁冠、革带、佩绶、笏板等来区分等级。

（2）公服

公服是官员早晚在朝圣奏事、侍班、谢恩、见辞等活动时穿着，是面见皇帝时要穿的礼服。盘领右衽，袖宽三尺，材料用丝或纱罗绢。袍服所用的纹样与颜色也因职官等级而异。在纹样上，一品用大朵花，径5寸；二品用小朵花，径3寸；八品以下，袍服无纹。

（3）常服

常服实际上也是一种公服，只是形制较为简便。明代官服上缝缀补子以区分等级，补子以动物作为标志，文官绣禽，武官绣兽。因等级的不同，补子的禽鸟和兽的等级也不相同。盘领右衽、袖宽三尺的袍上缀补子，再与乌纱帽、皂革靴相配套，成为典型明代官员服式。

（4）男子便服

明代各阶层男子便服主要为直身、罩甲、襕衫、裤褶、曳撒等。多承袭前代，仅在色泽、长短上有所变化。直身与道袍相似，或称直裰，是一种斜领大袖的长衫，为一般士人所穿。

道袍是明代极其流行和典型的一种便服，在明代由于道教为国教，上自天子下至士庶均把道袍当做日常穿着的主要服饰之一。道袍形制为直领、大襟、右衽，大袖收口，衣领缀有白色的护领，衣身左右开裾，前襟（大、小襟）两侧各接一片内摆，打褶后缝在后襟里侧。道袍在明代的时候非常流行，几乎是读书人的"标配"。

（5）男子首服

明代一般男子首服主要有四方平定巾、网巾、六合一统帽等。

①四方平定巾：四方平定巾，顾名思义，是江山稳固、四海升平的意思。以黑色纱罗制成，展开时四角都是方的，可以折叠，携带十分方便，为官吏和士人的便帽。

②网巾："网巾"是一种系束发髻的网罩。用黑色的绳子、马尾和棕丝编织而成。

③六合一统帽：明代市井之中流行一种"六合一统帽"，是朱元璋在四方平定巾之前设计的，取"四方平定，六合一统"的吉祥意义。这种帽子是用6片罗帛制成的，下有帽檐。从形状上看和今天的"瓜皮帽"相差无几，当时南方百姓冬天都戴它。

2.女子冠服

礼服是明代后妃的朝、祭之服，皇后在受册、谒庙、朝会等重大礼仪场合穿着礼服。洪武元年，朝廷参考前代制度拟定皇后冠服，以袆衣、九龙四凤冠等作为皇后礼服。洪武二十四年对冠服制度进行了修改，定皇后礼服为九龙四凤冠、翟衣、黻领中单等，此后一直沿用。

皇后常服制度经过了多次修订，洪武元年，定皇后常服双凤翊龙冠、诸色团衫、金玉带等，洪武四年改为龙凤珠翠冠、真红大袖衣、霞帔等。《明会典》永乐三年的制度中，皇后常服定为双凤翊龙冠、大衫、霞帔、鞠衣等。

明代较多使用的纽扣主要用在礼服上，常服很少使用，明末时才有所普及，逐渐在衣服的领边和襟边普遍使用。

3.女子便服

明代女装基本沿袭了宋代女装的样式，主要有衫、袄、帔子、褙子、比甲、裙子等，基本样式依唐宋旧制。

（1）比甲

比甲（马甲）是无袖无领的对襟式上衣，始于元代，至明中叶成为青年妇女穿着的半长外衣。比甲的花样、色彩、装饰非常丰富，穿在衫裙的外面，胸前敞开，腰间束帛，衬托得女子的身材更加窈窕，所以很受明代妇女的青睐。

（2）水田衣

水田衣是明代一般妇女服饰，一种以各色零碎锦料拼合缝制成的服装，形似僧人所穿的袈裟，因整件服装大小不等的衣料呈纵横交错之势，形如水田而得名。

（3）披风

立领长袄搭配明代披风（明代的披风其实就是宋代的褙子，只是加了护领及纽扣），里面为立领长袄，外面是宽袖披风。

（4）交领袄裙

袄裙是上袄下裙的服饰，这种服饰体现女性的华贵端庄之美。通常上袄穿在下裙之外，到了明代，成为汉族女子最常见的服装搭配。上袄最多见的袖制通常为琵琶袖，下裙一般搭配马面裙或普通褶裙。

（二）清代服装

清朝从公元 1616—1911 年，共 295 年的历史，历经 12 个皇帝，是中国历史上封建社会的最后一个王朝。清朝统治者为满族，几千年来世代相传的传统服制度由于满族八旗兵的进关而遭到破坏。这种变革是历史上"胡服骑射""开放唐装"之后的第三次明显的突变。旗装以用料节省、制作简便和服用方便，取代了传统繁复的衣裙。

满族入关后，强制推行游牧民族服饰，以旗袍、马褂为代表。顺治九年，钦定《服色肩舆条例》颁行，从此废除了明朝的冠冕、礼服。明代男子一律蓄发挽髻，着宽松衣，穿长统袜、浅面鞋；清时则剃发留辫，辫垂脑后，穿瘦削的马蹄袖箭衣、紧袜、深筒靴。汉人的皇族衣服制度全部废除，皇后的凤冠霞帔制度也无法幸免。影视剧中经常会看到穿箭衣、佩披领、挂朝珠、戴暖帽、登朝靴的清朝官吏。

1.男子常见服饰

清代男性服装基本样式仍以袍、褂、袄、衫、裤为主，另有与历代特异的衣式，如领衣、马蹄袖、假袖等。马蹄袖是清代服饰的主要特色，一律改宽衣大袖之形制为窄袖紧身。衣襟以钮扣系结，代替了汉族惯用的绸带。领口变化较多，但无领子，再另加领衣。完全满化的服装上沿用了明代官服的补子，不过明代施之于常服之上，清则施于外褂上，较明代式样略小。

（1）补服

清朝的补服为无领，对襟，比袍短、比褂长，前后各缀有一块补子，补子是区分官职品级的主要标志。清朝补服比明朝略小，是清代官服中最重要的一种，穿用场合很多。

（2）长袍

与传统袍式相比，清代袍式外观有明显变化，松度适体，出现开衩的式样，为袍式的一种变化发展。长袍为清主要男装式样，造型简练，立领直身，前后衣身有接缝，下摆有两开衩、四开衩和无开衩几种。皇室贵族为便于骑射，着四面开衩长袍，即衣身前后中缝和左右侧缝均有开衩的式样。平民则着左右两侧开衩或者着称"一裹圆"的不开衩长袍（此式多为女装采用）。

（3）马蹄袖

凡作为礼服之袍的袖端，都做成马蹄形，因其形状似马蹄而得名。起初马蹄袖是为便于骑马射箭，装有马蹄袖的袍又称为箭衣。这种袖式在清代男子和八旗妇人衣服上都有应用。有时不开衩的袍当作礼服用时，则在衣袖的夹缝中用纽扣将另制的马蹄袖扣上，行礼完毕则解下作为日常便服。

（4）马褂

清朝在穿着的长衣袍衫外，上身都另穿一件马褂。马褂比外衣短，长仅至腹部，有长袖、短袖、宽袖、窄袖、琵琶襟、大襟、对襟诸式，袖口平齐，不作马蹄式。

（5）马甲

马甲为无袖短衣，也称"背心"或"坎肩"，男女均服，一般穿在里面，式样比较窄小。有大襟、对襟、琵琶襟诸式，四周和襟领处镶有异色边缘。

（6）男子配饰

①首服：夏有凉帽，冬有暖帽。职官首服上必装冠顶，其料以红宝石、蓝宝石、珊瑚、青金石、水晶、素金、素银等区分等级。

②披领：清代礼服一般都无领子，穿时需在领口另加上一披领，披在肩胸部位。这种披领又叫领衣，俗称"牛舌头"。披领上面多绣纹彩，用于官员朝服，冬天用紫貂或石青色面料，边缘镶海龙绣饰。夏天用石青色面料，加片金缘边。

③朝珠：这是高级官员区分等级的一种标志，进而形成高贵的装饰品。由于满清信仰黄教（藏传佛教），所以有佩戴朝珠的习惯，甚至把朝珠作为礼服配饰。

④腰带：富者腰带上嵌各种宝石，有带钩和环，环左右各两个，用以系帨、

刀、觿、荷包等。

2.满族妇女服饰

清初，在"男从女不从"的形势下，女子服饰基本保持着满汉两民族原有的形式。满族妇女着不分衣裳的长袍，后来被称为旗袍，汉族则仍以上衣下裳为主，至清中期以后就有相互仿效的现象。汉族妇女效仿的对象多为达官贵妇和喜好装扮的时髦之人。尽管满汉两族间效仿者都为少数，但还是反映满汉服装存在着相互影响。

满族妇女平时多着长袍，与礼服相比则简化多了，不用马蹄袖，袖口平而较大，衣长可掩足。贵族妇女仍以团龙、团蟒为饰，一般旗女纹样则较自由，袖端及衣襟、衣裾也镶上各色边缘，而且有较低的领头，后来逐渐加高。若不用领时，往往在领间围一条领巾，这种长袍一开始较宽大，后逐渐变为小腰身。长袍外往往加罩一件短的或长至腰间的坎肩。坎肩或称马甲、背心，其式样也有对襟、一字襟、琵琶襟或做斜而直下的襟式。这种长袍后来演变成汉族妇女们的主要服饰之一，即后来所谓的"旗袍"。

满族妇女的发饰和鞋子与汉族妇女多有不同。一种"一字头"的髻式尤为普遍，后来发展成高髻如"两把头"和"大拉翅"。满族妇女所着的鞋子，底极高，普遍为一寸多至两寸，甚至有四五寸的。其底上宽下圆，形状似一花盆，俗称"花盆底"。底用木制，中间凿成马蹄式，踏地时印痕若马蹄，所以又称"马蹄底"。这种高底式样多为青中年妇女穿着，年老者仅以平木制作，称"平底"。

清初，满族妇女服饰比较朴素，体制也严格，至中叶以后就较为繁饰了。至清后期，梳两把头，着长袍高底鞋，已成为清宫的礼装。当时的慈禧太后也常在宴见或在小礼时着此服，这种装束增加了身体高度，使得满族妇女比历代妇女都更显修长，且行走之时又平添了婀娜之态。南方的少数妇女也开始学着这种旗装。

3.汉族妇女服饰

汉族妇女服饰仍沿前代明朝样式，以袄、衫、裙为主，另有背心、袍、裤等。袄有单、夹、棉、皮之别，大袄内还有贴身小袄，这种小袄多用红色。下裳以束裙为主，后期则又流行只着裤子。顺治以后，衣袖管较前代减小，镶滚彩绣是清代女子衣服装饰的一大特色。衣服的镶绣施于襟与袖端，在乾隆后期这种镶绣得以普遍流行。之后装饰更加精巧，至清末衣缘越来越宽，花边越滚越多，更有在衣襟及下摆之处用不同颜色的珠宝盘制成各种花朵，或用剪刀挖空花边以镂出各种图样的，这种服装穿着外面，由于装饰繁复，几乎不能看清原来的质地。汉人的凤冠霞帔在清朝也发生了巨大的变化，由于被满族影响，有的款式跟明朝渐行渐远。

清代汉、满族女装的发展情况不一。汉族妇女在康熙、雍正时期还保留明代款式，时兴小袖衣和长裙。乾隆以后，衣服渐肥渐短，袖口日宽，再加云肩，花样翻新无可底止。到晚清时都市妇女已去裙着裤，衣上镶花边、滚牙子，一衣之贵大都花在这上面。由于历史原因，清代女服始终保持着满汉两民族原有的服装形式，使不同风格特色的女装长期共存，在相互影响下逐步融合，并对近代女装的变化产生直接影响。

四、近代服饰

清代统治者从 17 世纪开始强迫所有男子按满族的样式梳理头发，穿衣戴帽，这种情形一直持续到 20 世纪初，1900 年以前，服装仍沿用着传统的长袍、马褂等样式。1900 年之后不久，传统服式开始受到外国服式的一些影响，出现了一些改变，但基本样式仍保持着原有状态，直到辛亥革命后才有了根本的变革。在中国社会上演了几千年的传统冠冕服饰，连同它森严的等级制度、礼仪规范失去了法律的保护，取而代之的是一个混合东西方服式要素的发展过程。各个阶层的男子对服装变革保持着不同的态度，因而可选择的服装样式是多样的，有来自传统的，有直接取自西式的，还有中西结合的。不仅男装如此，在稍晚些时候女装也随之变化。归纳起来，这一时期出现了以下几种有代表性的男子服装。

（一）男子常见服饰

这一时期，男子服装主要为长袍、马褂、中山装及西装等，虽然取消了封建社会的服饰禁例，但各阶层人士的装束仍有明显不同。

1.中年便装

中年便装是上着长袍、马褂，头戴瓜皮小帽或呢帽，下身穿中式裤子，足登布鞋或棉靴。民国初年裤式宽松，20 世纪 30 年代后裤管渐窄，恢复扎带，这是当时中年人及公务人员礼仪的装束。与之相类的女服，则是旧式旗袍、短袄长裙，以及下层人民穿用的短衣宽裤、毡帽等。

2.青年便装

青年便装包括西服、革履、礼帽。礼帽即圆顶、宽阔帽檐，帽檐微微翻起，冬用黑色毛呢，夏用白色丝葛，基本上就是欧洲当时流行的帽式。这种礼帽成为与中、西装皆可配套的庄重首服。这是时髦青年或从事洋务者的装束。与此相类的女服，则是连衣裙、运动式便服、西式婚礼服。

3.学生装

学生装是头戴鸭舌帽或白色帆布阔边帽，身穿制服式学生服。这种服装应属于清末引进的日本制服一类。式样主要为直立领，胸前有一个暗口袋，一般为社会进步人士和青年学生穿用。

4.中山装

中山装是一种基于学生装而加以改革的国产服装样式，因孙中山先生率先穿用而得名。中山装在西装基本式样上又揉合了中国的传统意识。

5.新式男装

新式男装是中西结合的男装样式，包括长袍、西长裤、礼帽、皮鞋，这是民国中后期较为时兴的一种装束，也是中西结合最为成功的一套服饰。它既不失民族风韵，又为中国男性增添一股潇洒英俊之气。文雅之中显露精干，是这一时期具有代表性的男装，与之相类的女服则为新式旗袍、紧身马甲、西式女外套、大衣等。

（二）女子常见服饰

经过辛亥革命与五四运动的洗礼，中国妇女在新思想、新观念的影响下，开始逐步改变千百年来固有的服饰形象，呈现出新时代的着装风貌。首先，广大妇女摆脱了缠足的陋习陈俗。在中国古代服装史上，自宋以后，随着纲常礼教束缚的加强，女装变得拘谨保守，缠足也成为女性应该普遍遵守的规矩。千余年来，它严重损害了妇女们的身心健康，因此，民国初年大规模地禁止缠足就成为妇女从封建桎梏下解放出来的重要标志之一，也为女装的变革扫清了障碍。其次，妇女们开始抛弃裹得严严实实的装束，大胆运用服装的造型来充分显示自身的天然形体美，这是近代妇女着装形象的另一个引人注目的地方。无论是高领窄袖衣，还是圆摆短袖袄，与传统服装都有了根本的区别。特别是 20 世纪二三十年代出现的紧腰身旗袍，把近代女装变革推向了高潮，这种改良女装衣领紧扣，腰身瘦窄，两侧开衩，使身体曲线在穿着中自然表现出来，衬托出东方女性含蓄、典雅、端庄、秀美的风姿，对后世产生了极其深远的影响。

1. 袄裙

民国初年，由于留日学生甚多，国人服装样式受到很大影响，如青年女性多穿窄而修长的高领衫袄和黑色长裙，不施质纹，不戴簪钗、手镯、耳环、戒指等饰物，以区别于 20 世纪 20 年代以前的清代服饰，被称为"文明新装"。

2. 旗袍

旗袍本意为旗女之袍，实际上未入八旗的普通人家女子也穿这种长而直的袍子，故可理解为满族女子的长袍。发式有螺髻、舞风、元宝等，在民国初年流行一字头、刘海儿头和长辫等，20 世纪 30 年代时烫发流传到中国，烫发后别上发卡，身穿紧腰大开衩旗袍，佩项链、胸花、手镯、手表，腿上套透明高筒丝袜，足登高跟皮鞋，也成为这一时期中西结合较为成功的女子服饰形象。

总之，这一时期男子服装呈现出新老交替、中西并存的"博览会"式局面，广大妇女也从缠足等陋习的束缚中解放出来，并大胆尝试用服装充分展示自然人体美。由于这一历史时期中国处于半殖民地半封建社会，国力衰弱，民众贫苦，加上连年战乱不息，近代服装的发展中虽有一时的繁荣，但从总体上说仍然是迟缓的、曲折的。

第三章

舞台服装设计与表现

　　舞台服装设计环节决定着舞台服装的最终呈现效果，因此至关重要。与此同时，舞台服装设计通过效果图的形式表现出来，因此效果图的重要性也不容忽视。为了充分揭示舞台服装设计与表现的要点，本章即对此展开深入、详尽的探索。

第一节　舞台服装设计的风格样式

舞台服装的构思与设计应遵循一定的规律，使服装的风格、造型、色彩与特定舞台形象相协调，从而满足舞台环境氛围的需要，揭示戏剧的主题思想，创造出更完整的舞台表演效果。

一、舞台服装的表现形式

舞台服装按表现形式主要分为三类，即写实性服装、写意性服装和抽象性服装。写实性手法主要用于塑造悲剧类或者正剧类的人物形象，设计师通过现实主义的手法对服装进行精心设计与造型，从而塑造人物形象，体现人物的性格特征。在写意性的话剧中，为了展现出人物的内心情感，设计师着重选择比较写意化和符号化的服装设计手法，强调主客体之间的矛盾和差距。在抽象性的话剧中，为了分析剧中的典型人物和典型形象，体现作者的象征意义，设计师在进行服装设计的时候，不会遵循基本的规律，而是会采取一些夸张和变形的手法，营造出一种强烈的抽象感，以服务于荒诞主义和表现主义的话剧，在这种荒诞和变形中体现出人生哲理。

（一）写实性服装

写实性服装设计的核心在于"再现"，这意味着设计师必须以历史为依据，以生活为蓝本，客观真实地反映剧中的人物形象。为了达到这一目的，设计师需要深入研究服装的年代特点、地域特征以及人物的身份地位等要素，同时要精准把握服装的质感、新旧程度、职业痕迹等细节，以确保服装设计能够准确地传达真实的生活气息。这种设计方法常用于现实主义剧目与历史题材剧目中。例如，《雷雨》《茶馆》和《日出》等现实主义剧作，其服装设计就需要客观地再现真实的生活气息，从款式、色彩到面料的选择，都应尽可能地贴近生活，以确保观众能够通过服装感受到剧目所要传达的时代背景和人物特征。通过这样的设计，服装不仅成为角色身份和性格的外在表现，也成为连接观众与剧目历史背景的桥梁，增强了剧目的真实感和沉浸感。北京人民艺术剧院曾上演焦菊隐导演的话剧

《茶馆》，其中的舞台和服装道具的设计力求还原剧中所描绘的时代背景。观众可以看到演员们留着辫子、穿着马褂和长衫，这些细节将观众带回到那个动荡的年代。为了把握好"写实"与"再现"的平衡，剧组从生活和历史出发，但不拘泥于表面的模仿，而是通过提炼，创造出具有代表性的典型形象和场景，使得作品在忠实于历史的同时，又升华至艺术的境界。

（二）写意性服装

舞台服装的写意风格，强调的是服装的寓意，及其在营造舞台氛围中的作用。这种风格的服装设计往往不拘泥于时间和空间，而是通过简约的款式、形态轮廓以及象征性的色彩和装饰，来传达剧目的主题和情感。例如，特定的色彩可能被用来象征某种积极的情感或概念，而服装的形态轮廓则在松紧、长短、曲直、明快和低沉之间变换。

写意性服装主要用于象征主义剧目中。象征主义剧目中，通过服装的符号来代表剧目的观念，营造出一种神秘、朦胧的氛围，对剧目环境和人物性格进行暗示。

在处理写意性服装设计时，应遵循一个基本原则：打破特定时空的约束，强调剧目梦幻的主体性。服装应通过变换与简约的款式和形态，反映人物心理和情感，同时为观众提供丰富的联想空间和审美体验。通过这种方式，舞台服装不仅成为角色形象的外在表现，更是剧目情感和主题的内在传达者。

（三）抽象性服装

舞台服装的抽象风格与写实、写意等传统表现手法形成鲜明对比。这种风格强调结合荒诞等艺术处理要求，通过形式上的变形与简化，呈现出形态离奇、变化突兀的特点，从而突破生活的表象，直接显现内在实质。例如，在表现主义戏剧和荒诞派戏剧中，服装设计师经常采用这种抽象风格，以实现人物的非个性化、符号化、简化变形，以及超脱现实、摆脱理性的特质。这种设计手法大胆地夸大主观潜意识的梦幻形态，强化了形象超脱现实的本质属性，从而为观众提供了一种独特的审美体验和深层的情感共鸣。

二、舞台服装的创新

随着观众审美水平的不断提高，舞台服装的创新成为一项持续的挑战。在具体设计中，设计师可以从以下几个方面进行创新。

首先，在风格上进行创新。尽管角色具有固定的身份和职业特征，但设计时可以故意模糊这些特征。以莎士比亚经典剧目《哈姆雷特》为例，林兆华导演的小剧场话剧《哈姆雷特》打破了传统宫廷服装的界限，演员们穿着看似日常甚至更加破旧的服装。哈姆雷特穿着浅色针织毛衣，国王的袍子变成了风衣，王后的礼裙变成了睡袍样的裙子，这种现实主义作品的非现实主义创造，快速拉近了角色与观众之间的距离。这种设计正好与表达普通人的生活、欲望和弱点，反映当下人的生活状态的话剧意图相结合。因此，舞台服装设计应敢于突破传统，探索新的表达手法，呈现新的视觉效果。

其次，面料的创新也是关键。不同面料能够产生不同的舞台表现力。例如，粗糙的织物和华丽的丝绸适合不同身份的角色。对于传统剧目，完全照搬历史资料中的服饰已不符合现代戏剧舞台的要求和人们的审美心理。通过运用新的面料，结合舞台整体环境氛围，可以使得现代戏剧舞台服装设计的表现方法更加多元化。在话剧《老舍赶集》中，为了展现民国时期的时代特征和老舍先生笔下特有的人情味与幽默感，人物服装采用了夸张和写意的风格，追求漫画感的人物造型。服装款式设计为长袍，以反映民国时期的服饰特点。为了达到特殊的视觉效果，设计师选择了具有独特纹理和岁月质感的杜邦纸作为面料，这种材料揉搓后自然形成褶皱肌理，与舞美布景风格相统一。此外，服装的部分细节是通过绘画手法实现的，这不仅贴近人物性格，也使演出更加新鲜有趣。同样，在历史题材话剧《从湘江到遵义》中，服装设计在面料与材质上进行了艺术加工，增加了许多细节。通过线迹和做旧处理，服装在符合年代特征的同时，也展现了更深层次的设计内涵。这些处理手法使得服装不再是简单的模仿，而是更艺术化的表现，更好地服务于剧目的整体艺术效果。通过这些创新的设计，舞台服装不仅增强了视觉冲击力，也深化了剧目主题和情感。

最后，舞台服装的创新还可以与科技相结合。例如，运用投影技术可使普通的服装拥有震撼的视觉效果。另外，在演唱会中，LED 灯条或铜丝灯条等发光物与服装相结合，可营造神秘的气氛。3D 打印技术也可以用于创造形态多样的时装，可以自然景观为灵感，如冰岛的冰雪。总之，舞台服装设计的创新是多方面的，它不仅要求设计师有深厚的艺术功底，还要有对科技的敏感度和对时代审美的洞察力。通过不断的探索和实践，舞台服装设计可以成为戏剧艺术中一个充满活力和创新的领域。

第二节　舞台服装的造型要素

一、舞台服装的款式

舞台服装设计与其他设计领域不同，它以人体为基础进行造型设计，其核心要素包括款式、色彩和面料。服装的款式设计不仅关乎外形轮廓，也涉及内部结构。外形轮廓，即服装的轮廓剪影，是款式设计中的关键因素，它最能体现服装的时代特征。内部结构则包括领型、袖型、褶裥、分割线、省道等细节，这些元素共同决定了服装的合身度和舒适度。

（一）舞台服装的外形轮廓

在舞台服装设计中，服装的轮廓是第一视觉要素，它定义了服装的整体外形特征。服装轮廓的设计往往与不同年代的时尚趋势紧密相连，通过肩、腰或围度尺寸的变化，可以塑造着装者的身材形象，传达出不同的信息。

服装轮廓的基本类型包括 A 型、T 型、X 型、H 型和 O 型等，每一种类型都表现出不同的外在风格与特征，具体如下。

A 型服装以紧身型为基础，通过各种方法加宽下摆，多用于大衣、连衣裙、晚礼服的设计，一度是欧洲女装史上的经典造型。

T 型服装以紧身型为基础，多用于男装，强调肩的宽度和厚度，具有大方、洒脱、男性化的性格特征，常用于塑造威武的男性角色，以及一些女性的中性化造型、职业装造型。文艺复兴时期，男装的最大特点之一是用填充物强调肩部、上臂和胸部，让肩部和胸部显得宽阔，下身则穿短裤，短裤以下是紧腿长袜。

X 型通过对肩（含胸部）和衣裙下摆做横向的夸张，腰部收紧，使整体外形呈上下部分宽松、中间小的造型。换句话说，就是形成宽肩、细腰、宽下摆为主要特征的造型。常用于塑造优美性感、女人味浓厚的角色形象。

H 型轮廓整体呈长方形，形似大写英文字母 H，通过放宽腰围，呈现轻松飘逸的动态美，简练随意而不失稳重。H 型服装可掩盖许多体形上的缺点，并体现多种风格。从服装外部轮廓造型来看，H 形是希腊服装典型轮廓特征。

O 型服装使躯体部分的外轮廓出现不同弯度的弧线，圆润饱满而没有明显棱角，常用于塑造肥胖角色的造型。

通过这些服装轮廓的设计，舞台服装不仅能够展现角色的外在形象，还能够传达角色的性格特征和情感状态，为观众提供丰富的视觉和情感体验。

（二）舞台服装的内部结构

在服装设计中，局部的造型如衣领、袖子、口袋、褶裥、扣结等，为服装的款式增添了精彩和独特的变化。虽然服装的整体造型、色彩及面料这些元素决定了服装风格，但细部设计同样在服装设计中扮演着重要的角色。细节的变化往往能够吸引观众的注意力，如领子、袖子、门襟样式等，这些细节部位的创新与服装的外轮廓一样，能够显著提升服装的整体效果。

在设计过程中，设计师需要精心考虑这些细节元素如何与服装的整体风格相协调，以及如何通过这些细节来强化服装的视觉冲击力和艺术表现力。下面对此进行简要论述。

1.领的设计

（1）服装的衣领

衣领是服装设计中一个关键的细节部位，它在款式设计中占据着核心地位。当观察一个人时，首先映入眼帘的是衣服的整体轮廓和色彩，紧接着是人的面庞以及与之相匹配的领型。衣领往往能够突出服装的风格和个性，因此，设计师在进行服装设计时，会特别注重衣领的造型，确保它能够与服装的其他部分和谐统一，共同构成一个完整而富有表现力的服装作品。

（2）领型设计

按衣领的结构可分为立领、翻领、驳领、交领、直领和无领。

立领，又称竖领，是一种将衣领立在领圈上的领式。特点是立体感很强，符合人的颈部结构，给人端庄、典雅的美感，是具有东方情调的领型。在舞台服装设计中，立领常用于旗袍、中式服装造型。通过向下调整领围线可以调整颈部长度的比例。

翻领，是指领面翻贴在领圈上的领式，有小翻领、中翻领、大翻领之分。翻领被广泛应用于不同季节的服饰中。巴洛克时期，出现了一种柔软平坦的大翻领，像一个小披肩披在肩上，带花边的方形领子有别具一格的美，至今荷兰民族服装中仍可见其踪影。

驳领，也称驳翻领，最典型的是西装的领式，常用于职场角色的塑造，能够展现穿着者的专业和权威感。

交领，常见于中国传统服饰中的一种领型，特点是左右两片衣襟交叉，形成Y字形领口，常见于汉服、唐装等传统服装中。交领的设计不仅美观，而且方便活动，体现了中国古代服饰的实用性和审美性。

直领，指衣襟对开，领口垂直向下，常见于古代褙子、短衫等中式服装中。直领对襟的设计简洁大方，易于穿脱，适合多种场合。

无领，指只有领圈而无领面的领型。无领的造型能充分显示人体颈肩部位线条的美感，多用于夏季服装。无领造型变化多样，主要随着领圈开口的变化而不同，如圆领、V领、U领、一字领等。

随着时尚流行的变化，现代服装中的领型变化非常多样，有的甚至与衣身、门襟或袖子连成一体，展现出别具一格的设计风格。随着衣领设计的不断发展，它已经成为服装设计中至关重要的一部分，不仅影响着服装的整体外观，而且越来越多地被用作表达服装情感和风格的设计元素。在设计时，领线的形状、领座的高度、翻折线的样式、领口轮廓的线条以及领尖的装饰等细节都应仔细考虑。这些元素共同决定了衣领的风格和功能，能够显著提升服装的视觉吸引力和展示穿着者的个性。

2.袖型的设计

衣袖设计是服装款式设计的重要组成部分，它虽是服装造型的局部，但对整件服装的平衡与对称性有着直接的影响。衣袖不仅在服装的创新中占有重要地位，而且关系到穿着者上肢的活动自由度。

按袖的结构分为连袖、装袖、插肩袖、无袖。

连袖是指袖子与衣身连裁的袖型，常见于中式服装。例如，明朝和清朝的袍衫，袖身与衣片肩线呈水平状，没有袖山弧线与袖窿弧线。这种袖型的特点是双臂伸直时衣袖没有褶皱，而双手下垂时腋下会形成褶裥。

装袖是衣身和袖子分别裁剪后缝合而成的袖型。典型的装袖设计如西装袖，具有明显的袖山和袖窿弧线。装袖通常活动方便，造型传统，但当袖窿较深时，上肢举起会感到不便。深袖窿的造型通常更为美观，但设计的时候要考虑到穿着的功用性。装袖发展到现代，出现了各种变化，主要在袖肩、袖身、袖口处变化，如灯笼袖、羊腿袖等。

插肩袖是一种袖子与肩部连为一体的造型，特点是穿着合体、舒适、活动自如，适合设计外套、大衣或老人、儿童穿的服装。插肩袖的肩缝线变化多样，可以提供多种设计选择。

无袖设计指的是衣身袖窿的变化，即袖子的造型变化。这种设计适合夏季服装和无袖服装，常见于女性和儿童的服装款式。

此外，中国传统服饰的袖型多种多样，包括大袖、广袖、方袖、窄袖、直袖、箭袖等。这些袖型不仅体现了中国服饰的美学特色，也适应了不同场合和季节的穿着需求。

3.褶裥的设计

褶裥和省道在服装设计中扮演着至关重要的角色，它们是使服装面料贴合人体曲线的有效手段。褶裥不仅能够实现服装的造型功能，还具有显著的装饰效果。例如，通过用细褶来替代胸省，可以巧妙地解决服装的立体造型问题；在袖山、袖口等部位采用细褶皱设计，能够增加服装的动感和层次感。值得注意的是，褶裥的运用需要考虑到服装的整体造型和穿着者的舒适度，通过精心设计褶裥的大小、形状和分布，可以创造出既美观又实用的服装作品。

（三）舞台服装其他细节的设计

在服装设计中，袖口、纽扣、门襟等细节的处理是至关重要的。这些元素不仅影响服装的外观，还关系到穿着的舒适度和功能性。门襟的设计应与服装的整体风格保持一致，其变化应服从于款式的设计，如门襟的形状可以与纽扣、带子、拉链等系缚物的变化相配合。在服装款式设计中，无论是外部轮廓还是内部细节的设计，所有要素必须服从于整体设计思想，在造型和风格上要保持统一，避免细节设计过于复杂或突出破坏了服装整体的美感。好的设计应是简洁而有重点的，而不是元素的简单堆砌。设计时还应考虑实际的生产能力和成本效益，确保设计既美观又实用。

二、舞台服装的色彩

色彩设计在服装设计中的地位举足轻重，它是视觉设计艺术中最为灵活的表达方式。在舞台上，色彩的和谐搭配至关重要，因为它不仅影响着服装的视觉效果，还能够影响角色之间的关系。服装设计师需要仔细考虑如何通过色彩来突出角色，以及如何通过色彩的对比和协调来营造特定的场景氛围。为了确保整体效果，设计师在选择服装的色彩时，应该将它们放在一起进行挑选，以便更好地把握整体效果。例如，柔和的淡色调适合室内家居场景，而色彩较暗、质地较粗的织物则更适合户外场景。在设计女性角色的服装时，色彩协调是关键，若要使角色服装显得突出，可以采用明亮的颜色。这样，服装就会与黑暗的舞台形成对比，从而在视觉上脱颖而出。色彩的对比与协调是服装设计中需要认真筹划的重要方面。在服装设计的早期工作中，设计师就需要对色彩进行深入的思考和规划，以确保服装在舞台上能够达到预期的视觉效果，从而吸引观众的注意力，引发观众的联想和情感反应。

（一）色彩的联想与心理效应

色彩具有三个基本要素：色相、纯度和明度。在这三要素中，色相是色彩的最关键特征。色相即色彩的名称，如赤、橙、黄、绿、青、蓝、紫，人类在与自然界的长期接触中对色彩产生了本能的条件反射。不同的色彩可以给人不同的心理感觉，如当人们看到与太阳类似的赤、橙等色彩时便感觉温暖，看到与天空、海洋类似的蓝色时便感觉冷，这便是色彩所具有的冷暖特性，它对人们有着不同的心理效应。冷色系颜色使人联想到阴影、透明、湿、远、淡、缩小、文静、理智、冷静；暖色系颜色使人联想到阳光、不透明、干、近、浓、扩大、活泼、感情、热烈。因此人们在创造热烈、活泼的气氛时，可用像阳光似的暖色系颜色；要营造幽静、抒情的情调时，可用似月光一样的冷色系颜色。

色彩还具有不同的纯度，由纯度高的色彩所组成的画面给人以丰富多彩、平面化的感觉，使人想到节日的气氛、华贵、艳丽、欢快和热情。由纯度低的色彩所组成的画面具有典雅、稳重、柔和、内在的感觉，理智而协调。因此人们可以用色彩纯度高的服装表现剧中人物的华贵、艳丽，用色彩纯度低的服装表现角色的典雅与稳静。

（二）色彩基调与舞台氛围

在舞台演出中，服装色彩的选用是塑造舞台氛围的关键。设计师首先需要深入研读和理解剧本，以确定服装颜色所要传达的情感基调是悲壮、沉重还是欢快、明丽；是华丽、堂皇还是质朴、沉稳；是强烈对比还是柔和协调。例如，《安道尔》这部话剧具有深刻的哲理，讲述了一个虚构的安道尔居民在恐怖时期因恐惧而将一个无辜青年送上绞刑架的故事。剧作家马克斯·弗里施不仅揭露了法西斯的凶暴残忍，还对普通人人性中恶的一面进行了深刻的反思，揭示了人性的弱点。整部剧作的气氛悲壮、沉重。为了表现这种气氛，服装设计师选择了明度、纯度不同的咖啡色作为全剧的基本色调，并通过扎染技术使咖啡色服装呈现出混染效果，从而增强了服装的视觉冲击力。在歌舞服装设计中，确立这种总基调尤为重要，因为它不仅能够强化戏剧的主题，还能在视觉上引导观众的情感，使他们更好地融入剧情之中。通过精心选择服装色彩，舞台服装能够成为传递剧本情感和主题的重要媒介。

（三）舞台灯光对服装色彩的影响

在色彩的选择上，除了要兼顾整个舞台所营造的氛围，还要考虑到环境气氛和灯光的变化。舞台上光与色的变化是复杂的，光色与服装色彩若是同一色调，服装色彩越是鲜艳；若是对比色调，服装则呈现出灰暗效果。在人物众多的群体场面中，服装色彩既不能单调也不能杂乱，应由一个主色调来统领全局，突出人物的主次关系，使服装整体风格既统一又富有丰富的变化，与舞台上所营造的整体色调、环境气氛相和谐。

在舞台美术中，服装与灯光的关系尤为密切，没有光的配合，整个演出将会黯然失色，服装也将变得平淡而无味。在舞台演出中，为了调动演员的情绪，尽快让他们进入规定情境，会利用灯光与服装相配合。舞台灯光对人物服饰色彩的视觉效果有很大影响，总之，服装色彩并不是孤立的，在视觉上的表现与舞台灯光息息相关。

马蒂斯认为色彩不是用来模仿自然的，而是用来表达情感的。人们做过很多关于彩色灯光与人体情绪的实验，发现红色能让人产生焦虑感，蓝色有平静和镇定的效果。在舞台灯光中，大面积使用某种色彩灯光就能够给予观众情绪倾向的暗示。

不同颜色的灯光对舞台服装色彩的影响如下：如果灯光亮度较高，则会提升服装亮度；而如果舞台灯光比较昏暗，则服装的色彩饱和度也会降低。

①黑色服装

红光 —— 紫黑色

绿光 —— 深橄榄绿

蓝光 —— 蓝黑色

②红色服装

黄光 —— 鲜红

绿光 —— 黑褐色

蓝光 —— 暗紫蓝色

紫光 —— 红紫色

③橙色服装

红光 —— 红橙色

黄光 —— 橙色

绿光 —— 淡褐色

蓝光 —— 淡褐色

紫光 —— 棕色

④紫色服装

红光 —— 红橙色

黄光 —— 红褐色

绿光 —— 带褐色

蓝光 —— 暗紫蓝色

⑤黄色服装

红光 —— 红色

绿光 —— 明亮的黄绿色

蓝光 —— 绿黄色

紫光 —— 带暗红色

⑥绿色服装

红光 —— 暗灰色

黄光 —— 鲜绿色

蓝光 —— 淡橄榄绿

紫光 —— 暗绿褐色

⑦蓝色服装

红光 —— 暗蓝黑色

黄光 —— 绿色

绿光 —— 暗绿色

紫光 —— 暗蓝色

⑧白色服装

白色受光色的影响最大，打什么颜色的光就有什么样的色彩。

在舞台服装设计中，色彩是一种语言、一种符号、一种象征，色彩给人的联想是最为丰富的，同时色彩也赋予更多的思想感情和表现语言，能够更好地渲染戏剧主题。人的色彩感观是非常主观和情绪化的，比其他视觉元素更能引起观众的情感反应。因此，借助色彩可以延伸人物的内心世界，烘托戏剧气氛，帮助观众融入剧情。在戏剧舞台服装设计中，可根据主题对服装色彩进行适当的隐喻，以表现人物内心语言，从而更好地表现戏剧主题和塑造人物的特点。

三、舞台服装的面料

面料是服装设计的根本，服装造型、色彩都无法脱离服装面料而独立存在，如何选择和使用服装面料直接关系到服装设计的成败。面料作为服装的三大要素之一，不仅决定着服装的风格与特征，而且影响着服装的色彩和造型的表现效果。在舞台服装设计中，注重创新能够使服装设计师拓宽面料的表现空间。

（一）面料性能分类

舞台服装设计师除了需要具备扎实的艺术功底和敏锐的审美意识，还必须对各种面料的性能有深入的了解和感知能力。面料的性能包括质地厚薄、悬垂性、伸缩性、抗皱性、定型性等，这些性能对服装款式造型的稳定性起着至关重要的作用。因此，在设计之前，设计师需要对所选用面料的性能进行详细的测试和了解，以便能够根据面料的特性选择合适的裁剪方法和制作工艺，确保服装的款式和造型能够达到预期的效果。

厚重型面料因其厚实挺括的特性，易于产生稳定且庄重的造型效果，非常适合用于正式场合、庄重或古典风格的服装设计。光泽型面料如丝绸和缎面，因其光泽度高、手感滑爽，非常适合制作高贵、优雅的服装，如古代贵族角色或现代晚礼服，以展现服装的华丽和精致。柔软型面料轻薄透明，具有良好的悬垂感，适合制作自然舒展的服装轮廓，如弹力雪纺适合舞蹈服装，能够展现舞者优美的身体线条和流畅的动作。蕾丝面料以其精美的图案和透明感，适用于制作精致、女性化的服装，如婚纱和晚礼服，能够营造出一种优雅而知性的氛围。透明型面料具有朦胧、神秘的艺术效果，非常适合营造浪漫、梦幻的舞台效果，常用于表现轻盈和神秘的氛围。

除了常规面料，设计师还可以利用大量的人工合成材料、塑料、金属、木板、纸、珠片、橡胶、羽毛、拉链等非常规材料来制作服装。这些非常规设计，常常能够带来意想不到的舞台视觉冲击，为舞台服装设计增添新的可能性和创新元素。

（二）面料的视觉感受

不同面料会影响人对色彩的感受。例如，同样是黑色，棉织物具有自然、朴实、浑厚感；粗布具有粗犷感；麻织物给人以凉爽、挺括、肃然之感；毛织物染色性强，有温暖、庄重、高贵、雅致的感觉；丝绸织物染色性极好，有光泽，具有飘逸、华丽、精致、高贵之感；纱织物透明，所以给人以轻盈、飘逸的感觉；金丝绒不但染色性好，而且吸光性强，既可保持纯度又可压低明度，具有雍容华贵、温文尔雅之感；光面皮革着色后具有厚重、高贵、现代的感觉。

人们可对各种色彩与面料的不同性格与特性做如下总结。

创造压抑、厚重的感觉一般可采用明度、纯度低的色彩，如黑色、暗红色、深咖啡色以及墨绿、深蓝、深紫色等。面料上的花纹可选用短调图案。可采用表面粗糙、厚重的面料，如粗布、厚呢、麻等。

创造欢快、跳跃的感觉一般可用高明度、高彩度、色相对比强烈的色彩或明暗对比强烈的长调图案，如白色与任何鲜艳颜色的搭配，以白为主的黑白搭配，对比色的搭配。适用轻柔、飘逸、闪光的面料，如纱、丝绸、薄而挺括的麻或化纤织物。

创造豪华、艳丽的感觉一般可采用彩度高的高档面料，如鲜艳的金丝绒、缎子、金银闪光面料以及金银、珍珠装饰等。面料上的花纹可选用长调图案。

创造稳重、高雅的感觉一般可用低彩度、弱对比的高档含蓄面料，如白色、浅咖啡色、黑色毛料。面料上的花纹可选用含蓄的短调图案。

以上经验不能僵化，往往突破传统的经验可以创造出新的艺术形式。如一般说厚面料没有轻快感，但在 20 世纪 60 年代，英国设计师玛丽·奎特却利用轻快的白色与非常简洁的超短裙式样与呢子面料相组合，创造出与众不同的带有轻快感的服装。由此可见，艺术创作不是不需要了解各种特性与经验，而是在充分掌握了这些特性与经验的情况下，充分发挥创造精神，同时不被经验与所学的知识所束缚。

（三）面料的二度造型

面料的二度造型是指在原有面料的基础上，运用各种工艺手段或其他方法对面料进行重塑改造，改变面料原有的组织形式与质地，从而形成一种新的视觉效果。再造后的面料具有明显的凹凸感和肌理感，使面料不再单调刻板，使服装呈现出新的魅力，经过立体化设计后的面料可用于服装的局部，起到画龙点睛的作用，丰富服装的立体造型表达，如图 3-1 所示。

图 3-1　服装面料的二度造型设计

　　各种面料都有自己的"性格"，如厚实的呢料典雅、端庄，闪光面料富丽堂皇，真丝绸缎华丽柔美……但是现实生活中面料毕竟有限，只有对面料进行创新才能为设计师提供永不枯竭的创造源泉。面料的创新是多途径的，既有极强的实验性和偶然性，又有丰富的表现手法。要想追求适宜的面料达到理想的创意理念，必须熟悉面料、亲近材料，在原有的面料基础上，尝试运用不同手段加以实验和改造，利用增加、破坏、解构等方法对原有面料进行艺术加工，通过创意和想象，形成一种特殊效果，给视觉以全新的刺激。在实际运用中，可以将面料再造的方法归纳为两种最基本的设计原则：加法原则与减法原则。

　　1.加法原则

　　加法原则在立体剪裁中运用得较为普遍，主要表现为添加的手法，或通过改造表现出一种很强的体积感、量感。使用加法原则极大地增强和渲染了服装造型的表现力，使服装的语言变得更加丰富，更具感染力。加法原则的具体表现形式有抽褶法、填充法、堆积法、绣缀法、编织法、折叠法、镶嵌法、面料重置法，等等。

2.减法原则

与加法原则所表现出的雍容华贵和妙趣横生的风格相反，减法原则所体现的是一种简洁朴素、雅致大方、"欲说还休"的含蓄美。现代人对服饰美的追求往往存在着双重性，既追求一种纷繁复杂的华丽之美，也讲求简洁大方的朴素美，因而，减法原则同样是现代服装设计中不可缺少的必要手段之一。减法原则的运用手段有省道合并法、镂空法、面料剪切法、抽纱法等。

3.加减法的综合运用

舞台服装设计非常注重款式的造型以及视觉表现力，因此，掌握上述造型原则有利于增强款式造型与丰富造型的表现力，上述技巧既可独立使用也可综合运用。面料的创新是使服装设计者获取灵感、拓展设计、丰富装饰细节、传达设计理念的重要途径，设计者应多从面料的角度去思考，把握其特性，并结合戏剧舞台演出整体的视觉艺术效果，用审美的眼光对面料的材质、肌理和图案等方面进行开发和再造，对戏剧舞台的艺术语言进行大胆而充分的诠释。

（四）面料再造在舞台演出中的应用

1.话剧与影视类服装材料

话剧与影视类服装特别注重表现不同材料的质感，如时代的意味、逼真的表象肌理效果、地域与民族的色彩习俗等，材料或轻薄、或厚重，或悬垂、或飘逸，但都要与角色的性格、身份乃至剧情相吻合，目的在于给观众以角色信息的暗示，如丝绒的华贵、玻璃纱的虚幻、皮草的奢华等。发挥材料潜在的表现力，可使观众在欣赏话剧与影视剧的过程中进一步拓展联想的空间。要合理地用材料表现人物，首先，需要对材料的性能有所把握。其次，在形式感的创新与特殊的处置方面需要综合把握。最后，设计师应该运用材料的不同质地特征与表象来为角色服务，将材料特有的组织构造与材质感觉，如纹理、触感等充分体现出来。例如，光亮平滑的金色亮片点缀在厚实的深色绸缎上，显得富贵高雅，使观众对角色的身份地位做出直观的认定。

举例来说，话剧《死无葬身之地》展现了"残酷戏剧"的美学风范，通过神秘的布景和震撼的表演，如沉重的铁链声和被残忍刑罚折磨的叫喊声，直击观众心灵。这种恐惧、痛苦、绝望与尊严、勇气、意志的强烈对比，在人物的服装中通过斑驳的肌理得以体现。服装材料的破坏性处理，如揉搓、撕扯和折叠，有效地诠释了人物在剧情中的挣扎和痛苦。以剧中法国抵抗运动游击队员索比埃的服装为例，其服装为烟灰色的绒线背心和棉织衬衫，面料经过手工染色和肌理处理，以展现其胆小懦弱和面对严刑拷打时的绝望。而游击队员弗朗索瓦的服装则采用温暖柔和的米色调和厚实的粗布面料，通过喷漆、褪色、磨破、染色等做旧方式处理，以及编织物的镂空处理，强调了其年轻冲动的个性和剧情中的残酷血腥效果。在话剧和影视类服装造型中，金属质感的材料常被用于历史剧等场景，但考虑到真实金属的重量和成本，设计师们通常采用非金属材料进行压模、喷漆、作旧、砂磨等肌理效果处理，以达到逼真的金属效果，同时减轻剧组的成本负担和演员穿着的负担。例如，《孙武》中将领的盔甲采用复合革（人造皮革）代替真皮材料，并通过喷涂和雕刻技术，成功塑造出具有金属质感的盔甲效果；《水浒》的人物服则巧妙利用草秸编织、做旧的皮革和麻线缝纫，来表达角色的时空背景和身份，营造出陈旧、破碎和沧桑的视觉效果。通过这些创新的材料处理和设计手法，舞台服装不仅增强了剧情的视觉冲击力，也深化了观众对角色和故事的理解。

2.舞蹈类服装材料

舞蹈服装的材料运用必须首先满足舞台表演的动态需求，确保服装在演员进行大幅度动作时的功能性和舒适性。同时，舞蹈服装的材料还应具备良好的卫生性、一定的耐久性以及色彩的稳定性，以适应长时间的舞台表演和频繁的洗涤。现代创新性舞蹈服装倾向于使用各种颜色的面料制成紧身衣，服装设计简洁，图案较少，以便通过演员的肢体动作在舞台上展现出丰富的色彩和动感，从而增强舞台表演的生命力和视觉冲击力。弹力材料是舞台服装设计中常用的面料，具有良好的伸展性和恢复性，能够适应灵活和流畅的舞台表演动作。代表性弹力材料包括莱卡（Lycra）纤维、酷美丝（Coolmax）纤维和Coolplus纤维等，这些材料不仅提供足够的弹性支持，还确保了服装的透气性和舒适度，使演员在表演时能够自由地展现动作，同时保持服装的贴合和美观。

（1）莱卡纤维

莱卡纤维是一种人造弹力纤维，不含任何天然乳胶或橡胶成分，对皮肤无刺激。承受拉力时可延伸4—7倍，在拉力释放后，可完全恢复到原来的长度。此外，它有良好的耐化学药品、耐油、耐汗渍、不虫蛀、不霉变、在阳光下不变黄等特性。莱卡纤维提高了服装承托力和修饰曲线的功能，广泛应用于各类舞蹈服装，如芭蕾、体操、健美服等。目前，新型莱卡纤维不断出现，它们不仅具备了一般莱卡纤维的优越特点，而且具有更佳的舒适感、更高的延伸性、更好的恢复性和很强的耐水解和防霉性，给身体柔软的承托，降低演员的疲劳感，真正兼备舒适和修饰体形的作用。

（2）酷美丝纤维

酷美丝纤维是杜邦公司独家研究开发的功能性纤维，设计时融合了先进的降温系统，其表面独特的四道沟槽设计有良好的导湿性能，在身体开始出汗时，汗水能在最短的时间内自皮肤排到织物表层，降低身体温度，显现出超强的排汗导湿功能。同时，它还可以增强透气性，有"会呼吸的纤维"的美誉。加入酷美丝纤维的面料柔软、轻便、导湿、透气性良好，赋予演员自然舒适的感觉，大大提高了演员的舒适性。该纤维使用寿命长，不易磨损及收缩变形，是舞蹈类服装的首选。

（3）Coolplus纤维

Coolplus纤维是我国台湾省开发的一种具有良好吸湿、导湿、排汗功能的新型纤维。纤维表面有细微沟槽，可将肌肤表面排出的湿气与汗水经过芯吸、扩散、传输作用瞬间排出体外，使人体表面保持干爽、清凉和舒适，并具有调节体温的作用。Coolplus纤维应用广泛，能纯纺，也能和棉、毛、丝、麻及各类化纤混纺或交织；既可梭织，也可针织，广泛应用于舞蹈服装等产品中。

3.童话剧服装材料

童话剧服装材料的设计需要设计师在追求童趣和诙谐的风格上进行创新。图形化和拼贴是实现这一风格的有效手法。童话剧服装造型强调夸张和变异的形态，通常由三个主要部分构成：一是外在的表现部分，它强调色彩、质地、纹样的童趣或动漫效果，通常使用色彩明快、纹样夸张的材料，以吸引儿童的注意力并激发他们的想象力；二是用于表现特殊外轮廓的内胆，也就是填充物，这种填充物通常要求轻盈、松软、富有弹性且有面积感，一般选用泡沫、海绵、棉絮、废报纸，它们能够提供足够的支撑，同时保持服装的舒适性和灵活性；三是内衬（夹里）部分，由于它直接与演员的肌肤相接触，一般采用柔软、吸湿的棉织物或棉质绒布。在迪士尼大型童话剧《灰姑娘》中，贵族女子的服装纹样介于具象与抽象之间，比较贴近现实生活中的自然物象，但又在自然物象的纹样上作适度夸张变形，追求生动幽默，合乎儿童心理。大面积的服装材料处理方式上用亮片拼贴，亮片有大有小，有成形与散片之分，有黄色、粉色、宝蓝色等，在事先定位好的图案轮廓上逐个钉缀，使服装具有良好的光泽度，并具有卡通风格。局部的修饰用与整体服装色彩同色系的纱作底，根据事先勾勒好的图样，将亮粉印烫到纱上，形成的图案呈疏密排列，这样虚虚实实、似花非花的造型呈现出一种快乐、喧闹的卡通风格，又有独特的现代气息。

对于童话剧的服装材料，设计师需要有丰富的想象力和创新精神，大胆地将常规材料艺术化。特别是塑形性的童话剧服装，如模拟某种动物或精灵，材料的选择和定位须考虑内衬的轻盈功能和外衣的仿生效果。仿生效果的图像表现要不拘一格，力求给儿童清新且唯美的印象。迪士尼大型童话剧《美女与野兽》中城堡的茶壶和时钟造型，通过骨架完成机构塑造，再采用发泡材料完善外轮廓，使用泡沫、海绵、棉絮、废报纸等填充材料作为内胆，支撑奇异的服装轮廓。在此基础上，拼贴或绘制对比色调的大块面图案，造型夸张可爱，非常符合儿童的审美心理。通过这些设计手法，童话剧服装不仅满足了表演的功能需求，也极大地丰富了舞台的视觉效果和艺术表现力。

4.演艺类服装材料

演艺类服装材料，尤其是流行音乐演唱类的服装，通常需要体现前卫、时尚的风格，有时甚至偏向于怪诞。这些服装材料的设计受到波普艺术、抽象艺术等影响，追求时尚、新锐的感觉，与传统截然不同，具有强烈的反叛精神。图案与款式造型特征追求怪异，服装表象追求浓烈与跳跃，富于幻想性。材料的设计元素具有超前或流行的意念，线型变化较大，图案与色彩对比强烈，局部的装饰夸张，追求形象的标新立异。在设计过程中，材料的选择要与歌手的个性与风格密切配合，在随类赋彩中寻求突破。

流行音乐演唱类的服装材料，一般追求材料表象的刺激与材质的张力，如荧光色的紧身材料、缀满闪光片的材料、绣满金银线图案的材料等，夸张而另类、变幻而奇特。设计师在创作时享有较大的自由空间，浪漫与想象是材料设计的前提。在大型广场演出中，设计师可以利用直流式电棒、五彩串灯、荧光灯或LED灯等元素，根据设计的需要，构成富有变幻、流动、喧闹或神秘的场面。例如，在演唱会造型中，用充满动感的材料，显示出富丽和性感的闪烁效果。通过在普通的织物纤维中加入带有反光性的材料进行织造，使面料表面光滑而具有强烈的光泽感。这种反光布在舞台上能表现出"只见服装不见人"的效果，布面受灯光照耀后，反光能见度可以达到 500 米。然后在底料上再进行几何形态的分割，用蓝、绿、紫、粉红等各色的亮片进行拼贴，在疏密的变幻中呈现出独特的艺术效果，或者将皮条上钉缀水钻，再捆绑在身体上，性感而具有现代感。整个服装材料肌理随着音乐的旋律被抽象出来，银白和银灰两种高亮度的色彩交织而成纹饰，使材料具有闪烁感，给欣赏者带来跳动热烈的音乐节奏感。

长期以来，舞台服装的材料选择和应用都受到传统纺织材料的限制，随着社会的发展，人们的服装审美水平在不断提升，纯粹的款式变化已不能满足人们的要求，需要材料的革新与创造为服装的发展带来新的生命力。对设计师而言，款式变化受到服装功能性需求的控制，而材料上的再创造则是丰富与拓展服装设计的新思路。在服装教学中强调材料的再造，不仅能加强学生对材料的认识，同时有利于培养学生的对材料的感性认识以及拓展学生的思维空间和造型能力。

第三节　舞台服装设计的形式美法则

形式美法则是指设计过程中的形式构成规律与原则。在舞台服装设计中，形式美法则既包含着美术设计形态美的内容，又融入了舞台艺术的个性要求，了解这些形式构成规律与原则，有助于舞台服装设计师创造出符合舞台要求与美学特征的服装。

一、整体与局部法则

舞台服装设计中的整体与局部是主体与客体的关系，它们之间是相对而言的。如果把一套（或一组）服装看作一个整体，这些服装的款式造型、色彩、材质、工艺、装饰等则各为局部；如果仅把款式造型看作一个整体，则上身、下身、领子、袖子、口袋等各为局部。就舞台服装的整体而言，角色服装与舞台环境、角色的内外衣关系，其中的每个部分又是一个局部。由此可见，舞台服装的整体与局部总是相互依存的，局部为着整体的完善而存在，整体由局部组成。值得注意的是，几个独立的局部组合在一起，未必构成一个完善和谐的整体；一个整体，如果没有与之和谐的各个局部，就缺乏形象感召力。例如，莎士比亚经典剧目《哈姆雷特》的角色形象刻画，全剧人物服饰以低明度的凝重色调，符合历史的服装样式构成，这是舞台服装设计思想上整体性的定位；而哈姆雷特个人形象采用黑色紧身裤、红色斗篷、金色颈部挂件形成局部上的明快与热烈，这种整体与局部关系的把握使剧目角色在整体上协调统一，局部上突出主体角色。

二、统一与变化法则

无论何种艺术形态，统一的形态才有整齐感、单纯性，不会给人以杂乱的印象；但是，没有变化的统一，则会单调、呆板而缺乏刺激的成分。可见，舞台服装设计中要注意在保持统一的同时增加变化的活泼因素。适度是变化的准则，变化始终以不破坏统一的和谐为原则。和谐是统一的准则，统一必须由不零乱的变化来补充。

三、对称与均衡法则

舞台服装形式美的对称，是指角色服装与饰件在大小、式样、距离与排列等方面一一相当，上下、左右、前后有明显的中心轴。除此以外，还有对比式均衡，所谓对比式均衡是指在平衡对称的基础上有适度的变化而不破坏对称的总量。

四、节奏与旋律法则

节奏与旋律指音乐中交替出现的有规律的长短、大小、强弱现象，旋律指经过艺术构思而形成的有组织与节奏的和谐运动。在舞台服装的设计创造中，通常将节奏与服装结构中形态的间隔处理联系起来，将旋律与结构线的形态特征联系起来，将听觉艺术的和谐转变为富有形象的可视语言。节奏的不同处理可以产生不同效应，如进行曲节奏平稳单纯，缺乏变化，服装造型中的褶裥等常用这种排列；波浪线的过渡柔滑，硬中见柔，有清晰的轨迹，在边饰上常用；漩涡线具有急速的流动感、力量感、冲击力，常用于服装的装饰；锯齿线具有硬朗的气质，在服装的边饰中常用这种处理方法。

五、强调法则

形式美法则中的强调法则在舞台服装中尤为重要，体现在角色形象的鲜明性、个性化等舞台形象要求上，广义上它以相对集中地突出主体形象为目的，狭义上它以某组（件）服装的局部突出为手段，通过强调、夸张、反衬等作用，使观众的视线始终集中在突出部位来判断角色的时代、性格、品味。

六、渐变与比较法则

渐变是指一个单元形（或一种色彩）在规定面积中的浓淡、深浅、大小、疏密的增加与减少。渐变过程中，基本形不产生变化，而仅在"量"的变化中体现，如线型的粗与细、疏与密，线条的曲与直、垂直与水平，花形与几何形的大与小，等等。在舞台服装设计形态要素中，要把握两个原则：第一，基本形不能杂乱，如圆形为基本形，只能在圆的大小与疏密中产生变化的趣味，不能随意添加与之无关的形态；第二，色彩渐变要单纯，以一个色相为主的浓淡渐变为佳，即使是冷暖对比的渐变（浓淡过渡），在冷暖两色中间也要留有明显的白色空间作过渡。渐变的运用有以小胜多、以简洁求丰富的效果。例如，一组舞蹈服装采用紫色系列，深紫色用于领舞者（主角），淡紫色用于伴舞者（配角），既和谐统一，又富于变化。比较是指对形式之间的认知，将有联系的两种或两种以上的形态与色彩加以关照、对应，确立形态之间的同异关系。比较与渐变不一样，在于强调不同，给人以丰富的感觉。舞台服装设计形态要素中的比较必须重整体的统一。例如，褶纹的形态方位不同；格条与格条尺寸不同，面料图案色调相同但花型有别等，都是比较中求协调的常用手法。形式美法则的"比较"对于角色塑造来说同样具有意义。舞台剧要求角色之间有冲突与对应，冲突的产生依靠"比较"来实现。例如，《奥赛罗》中奥赛罗的金属感胄甲与苔丝德蒙娜淡雅、流畅的长裙的比较，体现不同的身份与性格，前者刚直，后者柔美。

七、呼应与穿插法则

呼应是指在设计中通过对设计元素的添加、删减或排列等使得两个不同的设计或同一设计的不同部分产生某种关联。穿插是指造型元素的交叉，作为呼应的一种手段，穿插可以改变设计中的单调感。

八、重复法则

同一要素出现两次及两次以上，就称之为重复。重复的间隔要适当，过于分散和统一的要素都不利于形象的编排。服装造型设计中，织物的印花图案、钉缝的亮片和钻粒等都能以重复的形式出现。重复分为同质同形的要素重复、同质异形或异质同形的要素重复、异质异形的要素重复。同质同形的要素重复会让人感觉整齐大方，但有时缺乏变化，显得单调。同质异形或异质同形的要素重复会消除单一感，使画面富于变化，产生一种调和美感，增加造型的可看性。异质异形的要素重复应注意变化与统一的关系，以免由于形态差异太大而显得凌乱，缺乏统一感。

第四节　舞台服装效果图表现

效果图是呈现设计意图、展现设计构思的载体，掌握各种设计表现技法是服装造型设计的前提和必备的专业素质。舞台服装设计的效果图是一般的服装效果图与戏剧的结合，它不但需要充分体现服装的结构、色彩、面料质地、细节等方面，也要突出鲜明的戏剧人物造型与演出样式，如时代感、剧种、风格、人物性格、表情、动态等方面。本节着重介绍几种最基本的服装效果图表现技法，对各种绘制效果图的工具进行介绍，以便设计师运用合适的表现技法准确无误地体现设计构思。

一、白描勾线技法

白描勾线以表现服装结构为前提，勾线要求简洁、概括、精炼，要表现服装的本质美，避免花哨的线条堆砌。白描勾线技法以单线勾勒为主，表现色彩单纯、褶皱丰富、线条清晰的服装款式，效果图完成后，可以在其中一侧粘贴面料实样和色标，使服装款式结构、色彩与质地一目了然。不同的线条表现不同的服装样式和面料质地。例如，挺拔刚劲、清晰流畅的勾线，易产生规整、细致的效果，富有装饰情趣，适用于表现轻薄而韧性强的服装，如丝绸、纱、人造丝等面料制成的服装，常使用的工具有钢笔、绘图笔、毛笔等；粗细兼备、刚柔结合的粗细线勾线适于表现较为厚重柔软的悬垂性强的服装，粗细线条穿插使画面更有立体感，常使用的工具有毛笔、弯尖钢笔等；古拙有力、浑厚苍劲、顿挫有致的勾线，适合表现凹凸不平的面料效果，如各种粗花呢、手工编织效果等，常使用的工具为毛笔。

二、钢笔淡彩技法

水彩具有清新、透明、湿润、流畅等特点，因此适合用来表现具有透明感、飘逸感的轻薄面料。钢笔勾勒的方法可以逼真地表现不同面料的特点，如描绘针织面料的纹理结构，描述牛仔面料衣片缝合处、贴袋处的双辑线迹。

三、马克笔技法

马克笔分水性马克笔和油性马克笔两种，水性马克笔颜色透明，使用方便，价格相对便宜；油性马克笔渗透性较强，色彩纯度也比水性马克笔强。市场上销售的多为粗、细头马克笔，可用粗头覆盖大面积的颜色，用细头来描绘细节。绘图时，用铅笔事先勾画好服装的款式，再根据服装的结构特征着色，着色时，用笔要准确、果断、迅速，使画面效果精炼而洒脱，充满现代艺术气息。纸张的选择对马克笔技法也很重要，纸面光洁的卡纸较为适合。

四、水溶性彩色铅笔技法

使用水溶性彩色铅笔绘图既可以显得细致，又可以显得大气。绘图时，先用水溶性彩色铅笔根据服装的虚实和结构关系涂画，然后根据画面需要，用毛笔蘸水晕染。另外，由于水溶性彩色铅笔质地细腻，易着色，颜色丰富，也可作为普通彩色铅笔使用。水溶性彩色铅笔技法有两种表现方式：一是写实性画法，运用素描的艺术规律表现服装造型和面料质感，用笔、用色讲究虚实、层次关系，以表现服装的立体效果和面料质感；二是突出线条的排列和装饰性线条效果。水溶性彩色铅笔适用于水彩或色卡纸。

五、色彩平涂技法

色彩平涂技法适合表现轮廓挺括的粗纺面料质地，可在上半身或视觉集中的部位突出面料的纹理，平涂后的色块也可以绘制一定的肌理产生面料的粗糙效果。

六、剪裁拼贴技法

剪裁拼贴技法是指采用某种特殊材料拼贴出所表现的服装款式、色彩和材质的一种效果图技法，其目的是弥补画笔与颜料的不足，直接表现服装的肌理效果。剪裁拼贴技法首先需要在纸上画所贴形状位置，然后将所选的拼贴材料按同样的尺寸与形状裁剪好，粘贴在所画的区域，最后用画笔或色彩加以修饰、补充。拼贴的材料常常是面料、纸张等装饰材料。

七、电脑制图技法

随着电脑的推广和普及，设计师常借助各种软件和手绘板进行效果图的绘制。这类软件主要侧重绘制服装效果图及款式图，与传统手绘相比更为逼真和准确，并且调整修改方便，完成后的效果图还可以放在电脑设定的舞台环境中去检验，使舞台服装产生模拟演出的画面效果。同时，可以根据舞台灯光设计的光源位置、亮度、色彩来观察服装在演出中的实际效果，有利于同舞美的整体配合。

舞台服装效果图有的注重写实、有的注重写意、有的注重装饰风格，写实风格的话剧人物比例接近正常比例，无论是服装款式、结构、色彩，还是人物的形体和神态都接近剧中人物形象，因此写实风格的舞台服装效果图较为真实和细腻，通常线条流畅、款式准确，有参考意义，是制作样衣的重要依据。写意风格的舞台服装效果图通常以简洁的手法，概括地描绘人物的形态和神韵，以抒发审美情趣。这种手法落笔大胆、色彩凝练生动，着眼于服装的主要特征，舍弃复杂琐碎的造型，讲究虚与实、具体与省略的关系处理。绘制写意风格的舞台服装效果图对线条、渲染色彩、勾勒结构的造型能力要求更高，应具备对真实造型的归纳能力，通过简化而提升效果图的表现力。装饰风格提倡装饰性、平面化以及对图像和色彩的高度概括、提炼和加工，并按照美的法则进行夸张变形，采用带有图案化语言的风格。装饰风格的舞台服装效果图中的人物动态、比例、结构可以适度变形，服装结构与面料装饰强调图案美感，往往需要用服装结构图加以补充说明。

第四章

舞台服装结构设计与实践

　　在舞台服装设计中，结构设计是非常重要的一个环节，一个好的服装设计不仅仅停留在设计效果图上，款式设计得再好，实际穿着效果不好也是纸上谈兵。舞台服装结构设计一般可以分为平面制版和立体剪裁两大类。对于结构简单、款式明了、无特殊要求的服装，如我国古代的汉服，平面裁剪方法足以满足结构设计需求。然而，对于礼服、结构复杂或有特殊要求的服装，立体剪裁方法则更为适宜。在服装设计教学中，关键在于传授学生服装结构设计的基本原理和内在规律，使学生能够灵活运用这些原理，根据不同的服装款式进行结构设计。教学的重点在于根据款式的变化进行结构设计，确保设计既满足款式要求，又为后续工艺的实施打下坚实基础。本章即对舞台服装结构设计与实践进行简要论述。

第一节　服装平面制版实践 —— 以汉服为例

制版是确保服装能够精确制作和完美呈现的关键步骤，以汉服平面制版作为舞台服装制版的起点，有其特定的原因和优势。首先，有助于设计师更好地理解中国传统文化和服饰美学，为舞台服装设计注入文化内涵。其次，汉服的结构特点较为明显，如宽大的袖子、交领右衽等，这些特点在舞台服装设计中可以被创造性地运用和改造，为设计师提供丰富的设计灵感。最后，汉服的平面制版相对简单，适合初学者学习和掌握基本的制版技巧。通过学习平面制版，设计师可以逐步掌握服装结构设计的基本原理和方法。

一、汉服的结构特点

汉服（图4-1、图4-2）以平面的直线裁剪著称，其外观特征是宽松、注重流线美。

图4-1　中国古代服饰（女）　　　图4-2　中国古代服饰（男）

汉服深刻地反映了中国古代传统文化的美学思想、哲学思想、人文精神等。先秦至明清，汉服一直是宽松的平面直线裁剪，整体视觉上给人一种宽宏大气、端庄稳重之感。这种剪裁方法将服饰的重量着重放在人体的肩部，使人与衣物之间能有更大的空隙，走起路来端庄稳重的同时也不乏灵动之美。简单来说，汉服有以下结构特点。

（一）廓形

汉服的廓形有 H 型和 A 型两种，如宋代的褙子就属于 H 型，给人一种简洁、瘦弱的美感，明代的一些马面裙属于 A 型，具体表现为裙摆宽大，这种宽衣体系的服饰造型受到儒家、道家思想的影响，体现了古人追求闲适、平淡的生活态度。

（二）衣襟

衣襟也被称为"衣衿"。原来指衣服交叉的衣领，后指上衣、袍子前面的部分。汉服的衣襟主要有呈 Y 状的交领右衽和直领对襟两种形式。其中交领右衽为汉服区别于其他服饰的一大特色，体现了中国古代以右为尊的思想。直领对襟即衣服前门襟左右两边开合的地方对称，铺平以后两边衣领都呈直线，穿在身上两边衣领均流畅地下垂，体现出中国古代文化中和谐、均衡的韵味。

（三）袖型

汉服的袖子除了宽窄以外，款式没有太大的变化。举例来说，楚汉和魏晋时期的袖子均呈喇叭状，不过魏晋时期的袖口比楚汉要小；盛唐时期的袖子可以用宽大来形容，人在穿着后，手臂平展，袖长可以到脚踝；宋朝受到"程朱理学"的影响，整体着装偏理性、含蓄，所以褙子的袖子相对于前面的袖子来说基本上是处于贴体但不紧身的状态。

（四）系带

在古代，人们通常使用系带的方式来固定衣物。这些系带是布带、丝带等，通过在衣服的相应位置打成结来固定衣物。这种设计既方便穿着，也增加了服饰的装饰性。

总而言之，汉服在结构上体现了中国传统的天人合一观念以及节俭、朴素的传统思想。传统汉服最基本的结构特征是"布幅决定结构形态"和"十字型平面结构"，通过十字平面裁剪，使服装具有无肩缝、装袖等特点。同时，多层结构既体现了古代服饰的层次感，也适应了不同季节的穿着需求。

二、汉服的基本形制

汉服拥有悠久的历史和独特的结构体系，其体系大致如图 4-3 所示。

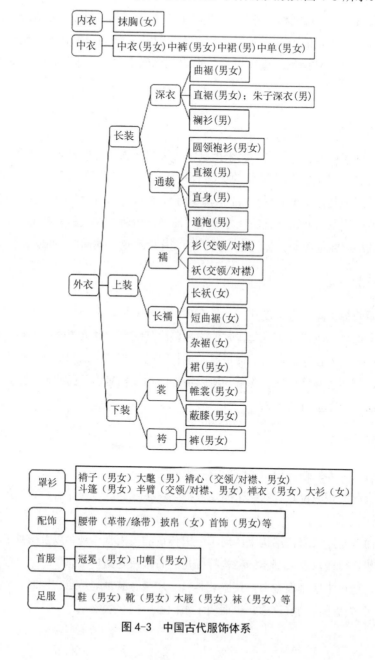

图 4-3　中国古代服饰体系

汉服有两种基本形制：上衣下裳制和上下连属制。

首先，上衣下裳制相传始于先秦，《周易·系辞下》记载道："黄帝、尧、舜垂衣裳而天下治，盖取诸乾坤。"另外，据《释名·释衣服》："凡服上曰衣。衣，依也，人所依以避寒暑也。下曰裳。裳，障也，所以自障蔽也。"上衣下裳制主要有交领右衽上襦、对襟半臂、夹袄、长褶子搭配齐腰下裙的形式，或者交领右衽上襦、对襟上衣搭配齐胸下裙的形式。

其次，上下连属制，又叫深衣制，是指把上衣和下裳缝合在一起，既能遮蔽上半身，又能遮蔽下半身的衣服形式。制作时上衣和下裳分开裁制，再将腰部的面料缝合在一起。不同朝代有不同的深衣结构，裁制时有严格的形式和尺度规定，直裾、曲裾、袍服、大袖罗衫、褙子等属于典型的深衣制。

三、汉服制版术语与常用工具

制版术语是服装设计和制作过程中不可或缺的一部分，它帮助设计师和制版师准确地交流和理解汉服的各个部分和制作细节。以下是一些常见的汉服制版术语和定义。

① 衣长。从肩部到衣摆的长度。

② 通袖长。从后颈点部到袖口的长度。

③ 胸围。水平围绕胸部一圈的尺寸。

④ 腰围。水平围绕腰部最细处的尺寸。

⑤ 臀围。水平围绕臀部一圈的尺寸。

⑥ 肩宽。从左肩到右肩的直线距离。

⑦ 裙摆。裙子底部的边缘部分。

⑧ 领口。服装领部的轮廓线。

⑨ 前中线。服装前部的中心线。

⑩ 后中线。服装后部的中心线。

⑪ 开衩。汉服下摆两侧或后背的开缝，方便行走。

⑫ 拼袖。袖子与衣身的连接处。

⑬ 袖祛。袖口袖子的末端。

⑭ 系带。用来束紧汉服腰部或裙头的带子。

这些术语和定义是古装汉服制版和设计的基础，了解它们对于准确制作汉服至关重要。在实际的制版过程中，设计师和制版师需要根据这些术语和定义来精确地测量和裁剪布料，以确保汉服的版型和外观符合设计要求。

在汉服的制作过程中，制版工具和材料的选择也至关重要，具体如下。其一，制版纸是汉服制版的基础，它不需要太厚，半透明白色打版纸最为合适，以便于裁剪和标记。其二，直尺和曲线板是绘制直线和曲线的基本工具，它们帮助设计师精确地绘制出汉服的轮廓和细节。其三，剪刀用于剪裁布料和纸张，其中布料剪用于精细裁剪，而纸张剪则用于裁剪制版纸。其四，珠针在制版过程中用于固定布料，以及在试穿时进行临时固定。其五，标记笔或划粉用于在布料和纸张上做标记，便于识别和修改。其六，人体模型是试穿和调整汉服版型的重要工具，它能够直观地展示汉服的穿着效果。其七，制版软件如 CAD 软件的使用，可以实现数字化设计和制版，提高设计的精确度和效率。设计师和制版师需要根据汉服的具体款式和设计要求，合理选择和使用这些工具。

四、汉服制版要点

以汉服的制版设计为例，古人进行深衣的制版时习惯于通过人体双臂平展，双腿直立的站姿结构形式来测量服装各部分的具体尺寸，并以此为依据，将布料裁制成平面型、整片式、直线状。具体裁剪方法为先将服装布料一折成四，用剪刀裁去腰部、腋下多余布料，使衣片呈现出十字形。接着将前身布料从中间剪开，以此作为衣服的左右开襟。最后对衣片领圈部位进行裁剪。

汉服设计大多以无落肩量的服装结构为主，这样在呈现出汉服的美的同时，又避免落肩而导致衣服整体过于宽松、不合体。古人将重点落在了领口的设计上，在制版时多通过左右衣领交错的方式，将领身结构设计为立领，以此来呈现出一种舒适的包裹感。具体来说，就是左衣领在下、右衣领在上，将右衣领压住左衣领，让左右衣领呈现出交叉叠压的状态，由此使穿衣者呈现出一种"衣冠楚楚"的形象美感。汉服袖子又叫作"袂"，是一种极为独特的服装制版形式。不同时代的汉服肩袖设计受到了不同时代生活习惯、穿衣潮流、风俗文化的影响，在版式制作上稍有不同，如出现了箭袖、窄袖、琵琶袖、直袖、垂胡袖、短袖、广袖等不同的袖子制版形式。但整体都会以落肩袖的形式呈现出一种天圆地方的感觉，因此袖子也叫作"圆袂"。由此可见古代对汉服肩袖的设计是极为讲究的。

总的来说，制版时需要考虑人体结构、服装形制特点以及穿着舒适度等因素。以下是制版的几个关键点。

（一）测量数据的准确性

准确的测量数据是汉服平面制版的基础。制版师需要测量人体的各个关键部位，以确保版型能够贴合人体。制作衣身的必要尺寸有身高、胸围、颈宽、领围、通袖长等；制作下裳必要的人体尺寸有腰围、臀围、腰长和裙长，测量完成后，应详细记录所有数据，包括测量的部位和数值，以便后续制版时参考。根据测量数据，设计师需要对汉服的版型进行调整，以确保服装的合体度和美观性。这可能包括调整衣身的宽松度、袖子的长度和宽度等。松量和变量是决定人体着装后舒适度的重要指标，也是决定服饰贴身以及良好的视觉效果的重要指标。

（二）比例与平衡

汉服的制版不仅要基于人体比例，确保服装的各个部分与人体的尺寸和比例相匹配，还要保持整体的比例协调，这涉及衣身与袖子的比例、衣长与裙长的比例等。此外，不同形制的汉服也有其特定的比例要求。例如，交领汉服的领口宽度、袖子长度和宽度、裙摆的宽度等，都需要根据款式特点进行精确设计，以保持整体的和谐与美感。对于对襟汉服，尤其需要注意领口、门襟等部位的对称性，从而达到视觉上的平衡。

（三）轮廓造型与结构线

汉服廓形以 A 型和 H 型为主，衣襟主要为交领右衽、直领对襟和圆领三种，袖型宽窄不一，形状的变化较为灵活。绘制版型图应包括所有必要的裁剪线、缝合线和标记点。汉服的结构设计首先需要尊重和保留传统形制的基本特点，在保留传统形制的基础上，结构设计可以适当进行改良。其中主要结构线如下。其一，中缝线是汉服中非常重要的结构线，它位于服装的正中央，从领口一直延伸到下摆。其二，中缝线的设计使得汉服在穿着时能够保持对称和平衡，展现出庄重和典雅的风格。其三，侧缝线位于服装的两侧，连接着衣身和袖子。侧缝线的设计需要考虑到人体的活动需求，确保穿着时的舒适度和活动自由度。其四，拼袖线是指连接衣身和袖子的接缝线，拼袖线设计的高低需要考虑到整体美观与协调。其五，领口线是指领口的边缘线，它在汉服中具有重要的装饰作用。领口线的设计需要考虑到领口的形状、大小和装饰细节。其六，还有一些分割线在汉服中用于分割不同面料或颜色的线条，它在服装中起到装饰和强调的作用。总之分割线的设计需要考虑到服装的整体风格和视觉效果。

（四）版型调整与优化

在初步版型绘制完成后，需要进行调整与优化。在实际制作过程中，可能会发现版型设计中的不足之处。应根据试穿效果，对样板的尺寸大小、领型宽窄、袖形弧度进行微调，以确保与设计效果一致。

制版是一个需要不断实践和修正的过程，设计师需要根据演出的实际穿着效果不断优化纸样。掌握汉服平面制版原理需要结合传统汉服的制作工艺和现代服装设计的科学方法。通过精确的测量、细致的设计和不断的实践，可以制作出既符合传统美学又适应舞台演出穿着需求的古代服饰。

汉服多为平面裁剪，图 4-4 至图 4-24 以及表 4-1 至表 4-18 列举了部分汉服的绘制样板。

1. 褙子的制版

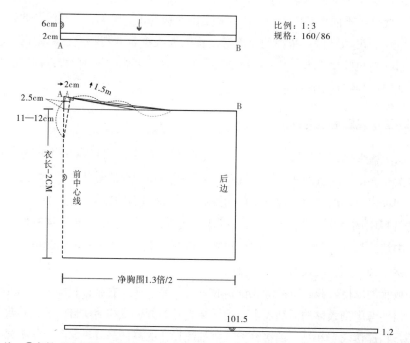

注：①衣长（垂直线）衣长减 2cm；②宽度（水平线）净胸围×1.3 倍 /2；③矩形左上角向上 2.5cm，向右 2cm（省量）；④省长 10—12cm（从 2.5cm 处开始）；⑤2 厘米省量水平点上向上延长 1.2-1.5；得到这个点后做这条斜线的垂直线；找到垂直线的 1/2，画等分线；连接 A、B 弧线，A、B 弧线距离就是裙头长；裙头宽度 2cm—6cm。

图 4-4　三角褶宋抹制版

表4-1　三角褶宋抹

单位：cm

身高	150	155	160	165	170	175	—
衣长	38	40	42	44	46	48	—
胸围	成衣胸围＝净胸围×1.3倍						
裙头高	5—6.5（设计量）						
系带	98.5	100	101.5	103	104.5	106	—
净胸围	78	82	86	90	94	98	—

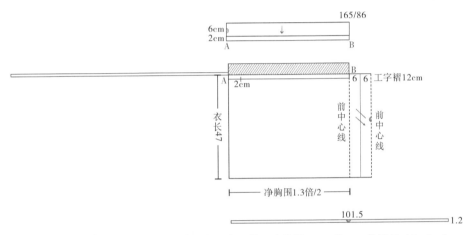

　　注：①衣长（垂直线）47cm；②宽度（水平线）净胸围×1.3倍/2；③褶量（5—6cm）；④A、B距离就是裙头长；⑤裙头宽度2cm+6cm。

图4-5　工字褶宋抹制版

表4-2　工字褶宋抹

单位：cm

身高	150	155	160	165	170	175	档差
衣长	42.5	44	45.5	47	48.5	50	1.5
胸围	成衣胸围＝净胸围×1.3倍/2						
裙头高	5—6						
系带	98.5	100	101.5	103	104.5	106	1.5
净胸围	78	82	86	90	94	98	4

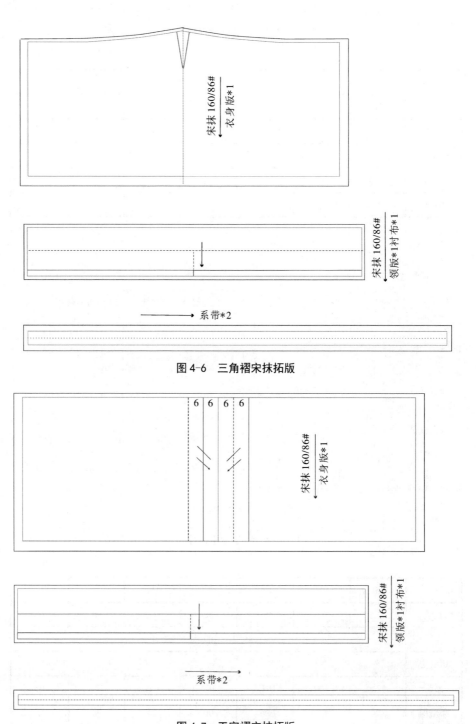

图 4-6　三角褶宋抹拓版

图 4-7　工字褶宋抹拓版

2.裙的制版

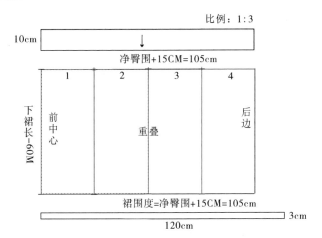

注：①裙长（垂直线）60cm；②裙围度（水平线）净臀围 90cm+15cm=105cm；③分成 4 份；④裙头宽度 10cm、系带 120－145cm；⑤第一片：1—2 接 3 拼成一大片；⑥第二片：2—3 接 4 拼成一大片。

图 4-8　两片裙（旋裙）制版

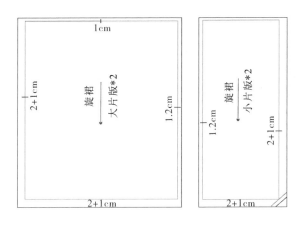

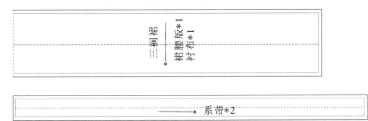

图 4-9　两片裙拓版（旋裙）

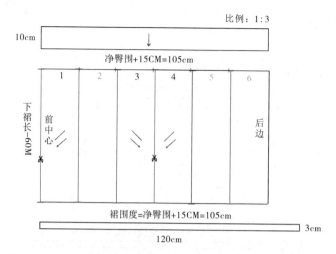

注：①裙长（垂直线）衣长减 2cm；②裙围度（水平线）净臀围 +15cm=105cm；③分成 6 份；④裙头宽度 10cm；⑤系带 120—145cm；⑥缝合止点：形制缝合 32cm（文物）设计量。

图 4-10　三裥裙制版

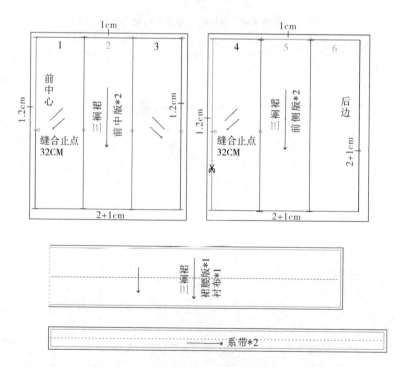

图 4-11　三裥裙拓版

3. 上衣的制版

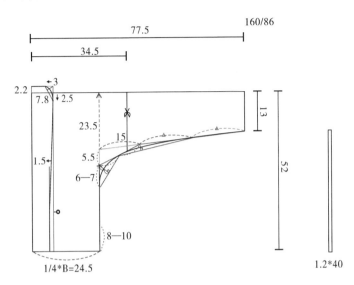

图 4-12 对襟上衫制版

表 4-3 对襟上衫

单位：cm

身高	150	155	160	165	170	175	档差
衣长	18	50	52	54	56	58	2
通袖长	74.5	76	77.5	79	80.5	82	1.5
拼袖	33.5	34	34.4	35	35.5	36	0.5
系缨位	36	37.5	39	40.5	42	43.5	1.5
净胸围	78	82	86	90	94	98	4
成衣胸围	90	94	98	102	106	110	4
袖桩	22.5	23	23.5	24	24.5	25	0.5
袖祛	12	12.5	13	13.5	14	14.5	0.5
领宽	7.4	7.6	7.8	8	8.2	8.4	0.2
后领深	2	2.1	2.2	2.3	2.4	2.5	0.1

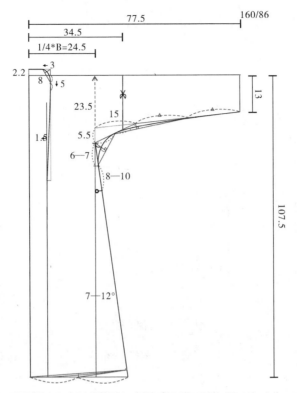

图 4-13　宋制褙子制版

表 4-4　宋制褙子

单位：cm

身高	150	155	160	165	170	175	档差
衣长	100.5	104	107.5	111	114.5	118	3.5
通袖长	74.5	76	77.5	79	80.5	82	1.5
拼袖	33.5	34	34.4	35	35.5	36	0.5
系缨位	34	35	36	37	38	39	1
净胸围	78	82	86	90	94	98	4
成衣胸围	90	94	98	102	106	110	4
袖桩	22.5	23	23.5	24	24.5	25	0.5
袖祛	13.5	14	14.5	15	15.5	16	0.5
领宽	7.6	7.85	8	8.2	8.4	8.6	0.2
后领深	2	2.1	2.2	2.3	2.4	2.5	0.1

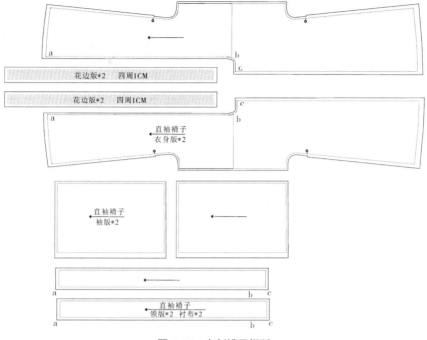

图 4-14　宋制褙子拓版

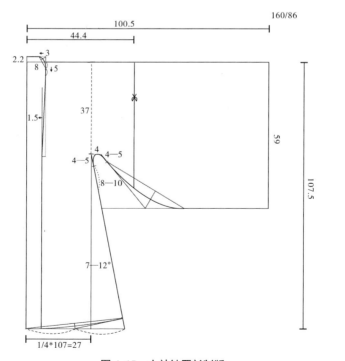

图 4-15　大袖纱罗衫制版

表 4-5　大袖纱罗衫

单位：cm

身高	150	155	160	165	170	175	档差
衣长	100.5	104	107.5	111	114.5	118	3
通袖长	97.5	99	100.5	102	103.5	105	1.5
袖袂	55	57	59	61	63	65	2
拼袖	43	43.7	44.4	45.1	45.8	46.5	0.7
净胸围	78	82	86	90	94	98	4
成衣胸围	99	103	107	111	115	119	4
袖桩	35	36	37	38	39	40	1
形制领宽	7.6	7.8	8	8.2	8.4	8.6	0.2
系缨位	36	37	38	39	40	41	1

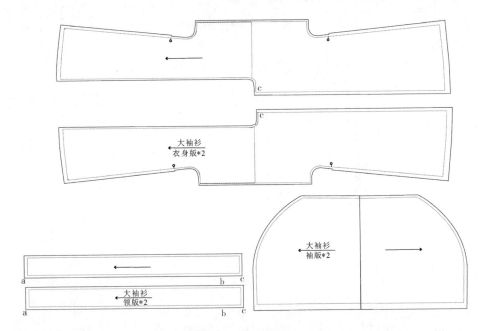

图 4-16　大袖衫拓版

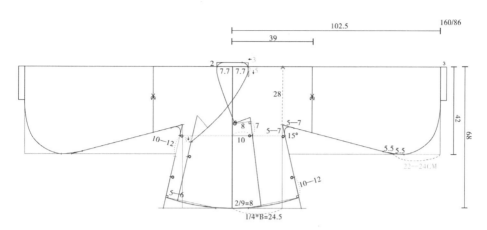

图 4-17 明制琵琶袖上袄制版

表 4-6 明制琵琶袖上袄

单位：cm

身高	150	155	160	165	170	175	档差
衣长	63	63.5	68	70.5	73	75.5	2.5
通袖长	99.5	101	102.5	104	105.5	107	1.5
拼袖	38	38.5	39	39.5	40	40.5	0.5
净胸围	78	82	86	90	94	98	4
成衣胸围	89	93.5	98	102.5	107	111.5	4.5
袖桩	26	27	28	29	30	31	1
袖袂	40	41	42	43	44	45	1
袖祛	15	15.5	16	16.5	17	17.5	0.5
净上颈围	29.5	30.5	31.5	32.5	33.5	34.5	1
领宽	7.3	7.5	7.7	7.9	8.1	8.3	0.2
后领深	1.8	1.9	2	2.1	2.2	2.3	0.1
领缘宽			8cm				
护领宽			7cm				

4.袍的制版

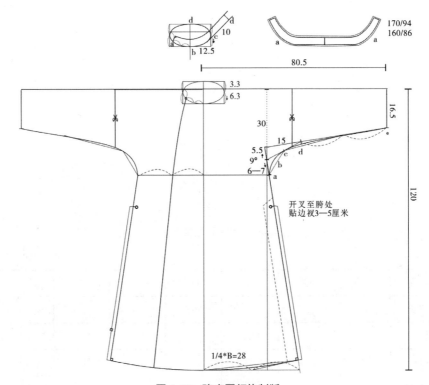

图 4-18　隋唐圆领袍制版

表 4-7　隋唐圆领袍

单位：cm

身高	150	155	160	165	170	175	档差
衣长	104	108	112	116	120	124	4
通袖长	74.5	76	77.5	79	80.5	82	1.5
拼袖	33.5	34.2	34.9	35.6	36.3	37	0.7
净胸围	78	82	86	90	94	98	4
成衣胸围	93.5	98	102.5	107	111.5	116	4.5
袖桩	28	28.5	29	29.5	30	30.5	0.5
袖祛	14.5	15	15.5	16	16.5	17	0.5
净下颈围	32.5	33.5	34.5	35.5	36.5	37.5	1
领上口	37.5	38.5	39.5	40.5	41.5	42.5	1
领宽	8.2	8.4	8.6	8.8	9	9.2	0.2
前领深	5.9	6	6.1	6.2	6.3	6.4	0.1
后领深	2.9	3	3.1	3.2	3.3	3.4	0.1

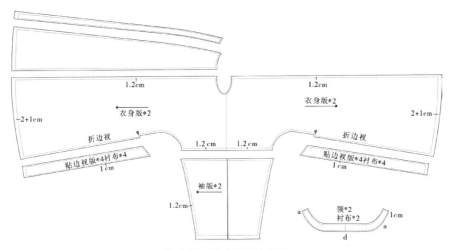

图 4-19　隋唐圆领袍拓版

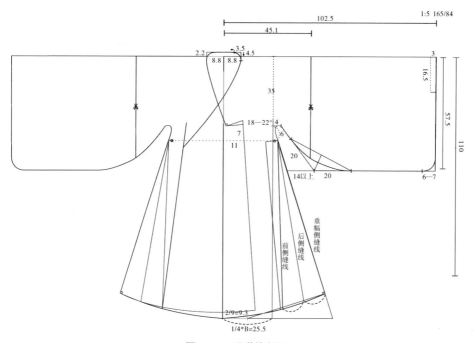

图 4-20　明道袍制版

表 4-8　明道袍

单位：cm

身高	165	170	175	180	185	档差
衣长	132	136	140	144	148	4
通袖长	110	111.5	113	114，5	116	1.5

续表

拼袖	45.1	45.8	46.5	47.2	47	0.7
袖桩	35	36	37	38	39	1
袖祛	57.5	59	60.5	62	63.5	1.5
净胸围	84	88	92	96	100	4
成衣胸围	102	106.5	111	115.5	120	4.5
袖祛	16.5	17	17.5	18	18.5	0.5
净上颈围	33	34	35	36	37	1
后领深	2.9	3	3.1	3.2	3.3	0.1
领宽	8.8	9	9.2	9.4	9.6	0.2

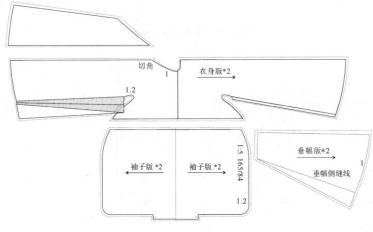

图 4-21　明道袍拓版

5. 其他裙的制版

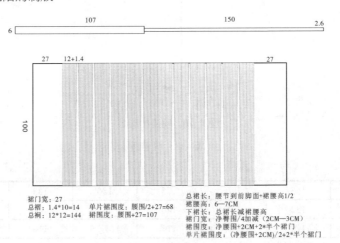

裙门宽：27
总裥：1.4*10=14　　　单片裙围度：腰围/2+27=68
总裥：12*12=144　　　裙围度：腰围+27=107

总裙长：腰节到前脚面+裙腰高1/2
裙腰高：6—7CM
下裙长：总裙长减裙腰高
裙门宽：净臀围/4加减（2CM—3CM）
裙围度：净腰围+2CM+2*半个裙门
单片裙围度：（净腰围+2CM）/2+2*半个裙门

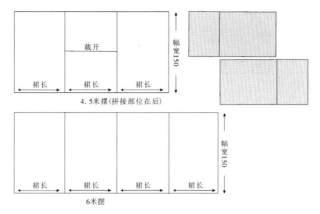

图 4-22　马面裙制版

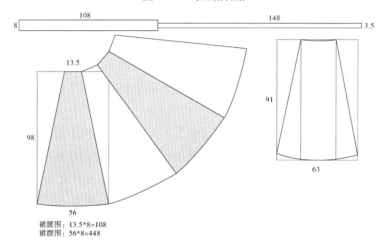

裙腰围：13.5*8=108
裙摆围：56*8=448

图 4-23　破裙制版

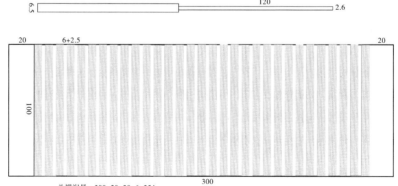

总裙涧量：300-20-20-6=254
单个裙涧：254/30=8.5
3+3+2.5=8.5

20+20+2.5*30=115
裙腰长参考：75*1.5=111

图 4-24　百迭裙制版

第二节 服装立体造型实践

众所周知，关于服装结构的构成方法有两种：平面裁剪和立体剪裁。在实际操作中，常常两种方法综合使用。平面裁剪适用于按经验、一定的制图公式或尺寸，将服装造型由立体的转变为平面的纸样。一般来说，这种裁剪方式通过对人体体型数据的分析、归纳，分成不同号型，再通过公式计算获得纸样的裁剪尺寸，如根据胸围和衣长能够画出衣片，根据袖窿弧长和袖长能够画出袖片。

立体剪裁适用于复杂的服装造型（常为皱褶、垂荡、波浪、折叠等变化造型），或是材料悬垂性、飘逸性良好而导致平面操作难度高的服装类型。立体剪裁在造型表达上更加多样化，对面料的性能有更强的感受，有助于对成品服装更为直观的理解和把握，舞台上许多富有创造性的服装造型都是运用立体剪裁来完成的。

立体剪裁直接在人体模型上进行裁剪，可以确保服装更加贴合人体，满足演员在动作和表演上的需求。此外，舞台服装设计往往需要创意性和个性，立体剪裁提供了更大的设计自由度，使得设计师能够将创意直接转化为实际的服装。因此，学习立体剪裁对于舞台服装设计师来说是非常必要的，下面对此进行简要介绍。

一、立体剪裁的基础知识

（一）了解人体结构特征

要使服装造型适合人体，首先必须了解人体结构特征。人体是一个复杂的多面立体，需要将其合理分解为多个小的平面，面与面之间的分界线便是人体特征线，线与线的交点便是人体特征点，由此，基于人体特征点与线的曲面分割是最合理的分解，这些点与线也就成为立体剪裁中选择结构线位置的重要依据。

（二）合理分配服装放松量

服装需要一定的放松量，这是人体基本活动的需要，也是造型的需要。各部位的放松量不同，对造型的影响也不同。把握好放松量的分配，能使服装更具立体感，这正是高品质服装的技术核心。放松量的分配总原则为，相应人体表面转折部位所占比例大，活动部位所占比例就大。

（三）注意面料的纱向

面料的纱向很大程度上决定面料的特性，如垂感、光泽等，而这些特性也直接影响成品的效果。一般情况下，立体剪裁时裁片的经纱方向与人台纵向中心方向一致，以保证衣片的对称平衡与造型的均匀。为保证纱向的准确，立体剪裁中所有用料需要撕取。

总的来说，只要遵从立体剪裁的规律，就可以尽情地发挥想象力，创造出无穷无尽的、美的立体造型。

二、立体剪裁的技术原理

（一）立体剪裁的坯布纱向

立体剪裁所用的许多坯布存在着纵横丝道歪斜的问题，因此在操作之前要用熨斗使纱向归正、布料平整，同时要求坯布衣片与正式的面料复合时，二者的纱向保持一致，这样才能更好地保证成品服装与人台上的服装造型一致。

（二）立体剪裁的缝道处理

缝道实际上是指衣片之间的连接形式。整件服装是由缝道将各个衣片连接起来所形成的，可以说，缝道的处理直接影响着服装的操作与整体造型，所以该技术至关重要。

1.缝道的设置

缝道应尽可能设计在人体曲面的每个块面的结合处，如在女性胸点左右曲面的结合处设公主线；在胸部曲面与腋下曲面的结合处前胸分割线；在前后上体曲面的接合处设肩线；在腋下曲面与背部曲面的结合处设后背分割线；在背部中心线两侧的曲面的结合处设背缝线；在腰部上部曲面与下部曲面的接合处设腰围线等。缝道设计在相应的结合处，能使服装的外形线条更加清晰，也与人体形态相吻合。

2.缝道的形状

缝道的形状从设计角度而言具有很强的创造性，根据款式设计的需要可以为弧线，也可以为直线。但考虑到结构设计的合理性与工艺制作的可行性，则会受到一定的制约。因此，在工业生产中，缝道线尽可能处理为直线，或与人体形状相符的略带弧形的线条，同时两侧的形状应尽量做到相同或相近，便于缝制。

（三）立体剪裁的空间关系

立体剪裁中，不仅要考虑到人体静止站立时的空隙量，还要考虑到人体运动时的活动量，以便在立体剪裁中正确把握放松量，使款式廓型既能正确表达设计的意图，又符合人体的功能要求。掌握服装与人体之间的空间关系，关键在于掌握两者间的空间量在造型中的变化；要善于区别在正常状态下的放松量和在特殊造型中放松量的变化情况；要对内衣、紧身衣、合体衣和宽松衣的放松量进行把握；还要对不同面料、不同款式、着衣状态以及内外搭配的放松量有充分的估计。只有在反复比较研究和实际操作中积累经验，才能在立体剪裁中正确地体现造型设计的构思和取得优美的版型。

三、立体剪裁专业术语

掌握立体剪裁专业术语，有助于更好地进行服装立体造型设计，下面对此进行简要介绍。

（一）剪口

剪口是不同服装裁片之间进行缝合的辅助性记号，一般是用铅笔标在完成的立体剪裁样板上。合理的剪口标注可以帮助服装制作人员更快、更准确地完成服装缝制。因此，对于版型设计师来讲，他们应该清楚正确的剪口标注位置在哪里。下面论述一些剪口位置的基本规则及参考指南。

1.剪口标记指南

初学者学习剪口标注应该从观察和理解剪口的作用和范围开始，服装不同位置或多或少需要做一些剪口标记，在实践中必须标剪口标记位置的主要有如下几处（图4-25）。

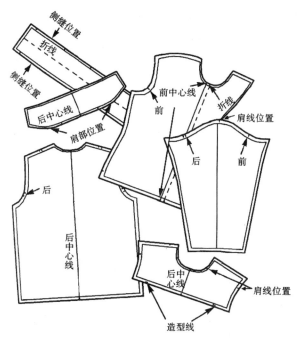

图 4-25 剪口标记位置

①前中心线。上衣、裙子、裤子等服装的缝合要求在前中心线位置加剪口标记。

②后中心线。上衣、裙子、裤子及领子等服装的缝合要求在后中心线位置加剪口标记。

③肩线位置。缝合领子、袖子等要求在肩线位置加缝合标记。

④侧缝位置。任何服装的腰线侧缝位置都需要加剪口标记。

⑤所有折线。底摆、褶裥、省道及贴边折线处需要加折线剪口标记。

⑥识别前片。单线剪口标记。

⑦识别后片。双线剪口标记。①

2.造型线剪口规则

加剪口标记时，还应知道相应的规则，主要有以下几条规则。

①剪口标记要一一对应，或者要跟缝线对应。

---

① 当样片看上去非常相似，而且均有中心折线时，前片用单线剪口，后片用双线剪口。这类服装典型的有套头衫、松紧裙等。

②标注剪口的样片要有明显的前后片特征。

③造型线不用作中心剪口标记。

④任何造型线都应该有相应的剪口标记，以便准确对位缝合。

（二）其他立体剪裁专业术语

为了提高服装设计专业学生的学习效率以及从业者的工作效率，学习和了解立体剪裁的专业术语类型至关重要。

胸点，人台或真实人体胸部最高的位置。在立体剪裁中，胸点是在前片坯布上建立纬向线的参考点。

顺直，对准纱线并调整部分样板。当修正时，样板上的参考线应该与人体上的基准线及尺寸相对应。所有样板与人体之间都有一种明确的关系，人体穿着服装应能上下垂直并与地面平行。如果样片的经向线及纬向线不垂直，服装便会出现扭曲、松垂或上拉的现象。

袖窿圆顺，袖悬垂时应稍前倾并符合袖窿曲线。为达到这种效果，后袖窿要比前袖窿直径长 1.3cm 而且呈"马蹄形"。多出的 1.3cm 使后衣身延伸到前肩线，保持背宽线在准确的纬向线上。

裆线适度，后裆线的长度要比前裆线长 5.1cm，这样裤子就不至于上拉或松垂。

裤缝，裤后片至少比裤前片宽 2.5cm。这 2.5cm 的差异能够保证后片腿部与后裆（稍宽）能比较顺畅地连接在一起，这样裤腿就不会扭曲或上拉了。

水平线，前胸线与臀围线要与地面平行，服装的横纱要与这些线保持在一条水平线上。如果不在一条水平线上，就容易造成服装的松垂或上拉问题。

垂直线，前中心线及后中心线均保持着跟地面垂直的状态，所以服装的直纱要跟这些线保持平行，防止出现服装扭曲或上拉的问题。

侧缝顺直，前后侧缝的形状及长度要保持一致，喇叭裙两侧的侧缝与经向之间在角度上要统一。长衣或直筒裙的侧缝应与前后中心经向平行。

腰线适体，前腰尺寸要比后腰大 2.5cm。这样裙装的侧缝在悬挂时才能跟人台侧缝重合。

斜纱，是面料上跨越纱线的一条斜线。它可以提供很好的弹性。正斜是指45°角方向。

归正，用蒸汽熨烫，通过拉伸来矫正面料经纬向的技术。

翻折点，控制翻转、翻折及展开的点。翻折点主要用来翻驳领、青果领、翻领及西服领。

缝份翻折剪口，从缝份剪向缝线方向，用于释放曲线的拉力，翻折时帮助缝线平顺，用于领线、方角、领子及贴边。

内弧，一种内弯的曲线，如袖窿及领线。

外弧，外弧是一种外弯的弧形曲线，包括袖山、荷叶边、彼得潘翻领及青果领的外边缘。

折线，沿经向或结构线折叠并用手指压出的痕迹。

十字标记，在裁片或样板上的一个或一组标记，表示相对应样片或服装部件的点（如设计线、肩线、育克线、领线、前后中心线），用于对位、抽缩及连接。

档线，在两腿处汇合形成的曲线。

整片，两片或多片部件裁在一片样板上，如前片自带贴边、袖子与衣身相连。

省道，以人体某一高点为中心，向内折的一条暗缝线，用于适应人体曲线。

省边，省道两侧的缝线。

点线，立体剪裁布料上的铅笔标记，用于记录缝线或分割线，作为修正的依据。

吃量，缝线的一边均匀分布很少的展开量，与稍微短的另一边缝合，不出现抽褶或活褶。用于袖山、公主线及其他区域的造型。

松量，立体剪裁样板基础上加放一定量，使服装更舒适、更贴合人体动作。

布料余量，操作到特定区域（如肩部、腰部、侧缝、胸部）的多余布料。

折叠，将部分布料背对背合起，形成夹层用以制作省道、褶裥、缝褶或折边。

抽褶，将布料展开量抽缩在一条缝线上。

坯布参考线，用于指示方向及标记的经向线、纬向线、前中心线、后中心线、背宽线、胸线、胸点、臀围线以及侧缝线。为便于正确立体剪裁，这些线画在准备好的坯布上。

原型样板，原型样板是以特定尺寸制成的基础样板，其主要用于拷贝的模板。

对位，将两裁片上的两个剪口标记或其他标记对在一起。

坯布样衣，用于试穿的坯布制成的样衣。

布块，用于特定立体剪裁的预量好的坯布，一般要比完成样片宽10.2—25.4cm。如果这些布块太大了，就可能因布料的重量影响立体剪裁的精确性。

旋转，将样片从一个位置向指定参考线转动或移动。

层，指铺开面料准备剪裁时，其中的一层面料。

公主片，人台上从公主线到袖窿及侧缝的区域。

缝份，将服装不同部分缝合在一起时布料的缝合量。每一个需要缝合的边缘都需要加缝份。缝份的宽度取决于缝线的位置以及服装价位。

领子、贴边、领线、袖窿及其他曲线缝份，要求 0.6—1.3cm。由此可以节省缝后修剪的时间。

针织包缝，特殊服装，如针织衣或睡衣，要求 0.6—1.3cm 缝份。

传统缝份，肩线、分割线及侧缝线要求 1.3—2.5cm 的缝份。

拉链缝线，有拉链的部位需要调整，要求 2.5cm 缝份。

缝合，采用各种类型的针迹将两层及以上的布边进行缝合。缝合时的质量要达到相应的要求，采用的缝合方法要适应缝合时的面料、服装类型及缝合位置的要求。

布边，沿布料纵向狭窄、坚固、不散边的边缘。

皱缝，根据设计将服装展开量进行抽缩，使之变成一条线。皱缝一般会多行一起进行。

侧缝，样片或服装上将前后片缝合在一起的位置。

切缝，一种从布料外延向设计线方向的直切口，这个切口的长度要比剪切口更长，其作用主要在于使布料的拉力得到分散，让剪裁更加贴合人体曲线。

缝线，指示缝纫的位置线，其与裁边的距离保持在 1.6cm、1.3cm 或 0.6cm。

造型线，除了肩线、袖窿、侧缝以外的任何分割线都属于造型线。造型线与服装的两点之间是一个跨越的关系。例如，育克线从一边侧缝到另一边侧缝，公主线从肩线到腰线。

直角线，与另一条线垂直的直线。画准确的直角线主要采用丁字尺来进行。

复描，将所有裁片标记在制版纸上描画的过程，部分设计师喜欢采用复描来修正自己的设计。

修正，指立体剪裁过程中进行顺滑标记、点线及十字标记的环节，用以修正坯布上的缝线、省道或省道变化。有些设计师习惯复描到纸上修正，也有些设计师习惯直接在坯布上修正。

修剪，用剪刀剪掉多余的布料，让缝边变窄一些。在翻转缝制的拐角前进行修剪能够将不需要的帮料都去掉，使之平整。

褶翻下层，立体剪裁省道、褶裥及门襟时形成的里层。

省尖，省道逐渐变细的终点。

四、立体剪裁的准备工作

立体剪裁作为服装造型的一种高级手段，因其直观、富于变化、能够直接表达设计师意图等特点，已经为世界各地的服装设计师广泛使用。因此，在研究立体剪裁设计的理论和应用时，对立体剪裁工具和材料的了解必不可少，下面将分别说明立体剪裁工具和材料的使用方法及要求。

（一）立体剪裁的材料

立体剪裁的材料大致可以分为以下几种。

1. 面料

为降低成本，一般采用平纹本白色棉坯布，棉布的纱支数在 15—30tex 之间，以适应实际用料不同厚度的需求。若选择专用色织方格（10cm×10cm）坯布，则效果更为理想，可以清晰地看到面料纱向，保证成衣效果。如果实际用料极薄或是针织类面料，立体剪裁时应该准备类似的面料。

立体剪裁操作的第一步就是整理布料的丝缕方向。因为布料在织造、染整等过程中，会出现布边过紧、轻度纬斜等现象，导致布料丝缕歪斜、错位。所以布料在使用前应进行整理，通过熨烫使布料的经纬丝缕方向归正，并消除布料褶皱。

布料独边织造工艺较硬挺，应撕掉 5cm 以上不作使用。取用立体剪裁布料时采用手撕的方法，可以使布边得到一根完整的纱线，便于经纬丝缕方向的检查和矫正。矫正时将确定了经纬丝缕方向的布料对折，通过对角拉拽、熨烫使经纬丝缕方向完全垂直，方可使用。

2. 棉花

棉花主要用来填充人台的手臂，另外和针插，在补正体型或满足设计需要、突出某一部位时也要用到。

3. 标记带

进行立体剪裁前，应该在人台的某些特殊位置贴附标记，需要专用的色胶带或棉质织带，固定时需要专用大头针。为了醒目，标记带要与人台颜色有明显区别，使人台覆盖布料后仍能清楚地看到其位置。若人台为白色，一般选择红色或黑色标记带。标记位置多为曲面，因此标记带不宜过宽、过厚，一般宽度为0.3—0.4cm。

4.绘图纸

立体剪裁是直接用面料在人台上操作，取得衣片轮廓及内部结构线，但每个衣片都需要拷贝到绘图纸上制成样板，以便实际剪裁时使用，所以绘图纸也是不可缺少的。

5.棉线

立体剪裁时，使用有色粗棉线，缝在面料上做纱向标记，最好选用醒目的颜色，如红色、蓝色等。如果使用色织专用方格棉布（面料上已经有明确的纱向线），则无须做纱向标记。

（二）立体剪裁常用工具

1.人体模型（人台）

人体模型又称人台，是人体的替代物，它将人体体型特点进行了一定程度的美化，使之更适合服装的审美和造型的需要。作为立体剪裁最主要的工具之一，其规格、尺寸、质量都应符合真实人体的各种要素及立体剪裁操作的需要。选择具有标准人体尺寸、比例、类型的人体模型，是保证立体剪裁质量的关键。

（1）材料特征

立体剪裁使用的人体模型区别于服装展示的模型，其内部一般用泡沫材料填充，外部以棉质或麻质面料包裹，具有可插针的基本材料特征。

（2）体型特征

人体模型的体型数据由测量各地区群体的三维数据后，经平均化得来。人体模型基于人体体型，但又不等同于人体体型，是为满足服装款式造型而制作的。人体模型的体型标准与国家标准一致，如160/84A规格的人体模型表示身高160cm、胸围84cm、A型体型，简化为84号人体模型。

（3）服装类别特征

立体剪裁所用人台根据适用的服装品种不同而分类，如适用上装操作的上装人台，适用短裙操作的裙装人台，适用裤子操作的裤装人台，适用泳装操作的半连体人台，等等。

另外，还有适合专类服装操作的，如夹克人台、外套人台、小礼服人台等。

（4）人体模型的补正

人体模型是理想化的体型，如果是个性化定制，则需要根据个人体型对模型作相应的补正。对于某些特异造型的款式也同样采用补正的方式。补正时只能添加，即用棉花做成所需要的形状，然后将布覆盖在上面，固定即可，主要有以下几类。

①胸部补正。用棉花把胸部对称地垫起，并将布覆盖在上面。胸垫的边缘要逐渐变薄，避免出现接痕。胸部补正也可用胸罩替代。

②肩部补正。肩部的补正可以用垫肩把模型的肩部垫起。随着我国服装辅料的不断开发，已经生产出各种形状（圆形、球形等）、各种厚度的垫肩，补正时可根据肩部造型和面料薄厚来选择。

③腰部补正。由于采用的是裸体模型，在制作外套、大衣时为减少模型的起伏量，须将腰部垫起，使腰围尺寸变大。可使用长条布缠绕一定的厚度，然后加以固定。

④臀部补正。结合腰部形状塑型，臀凸部位应比实际臀位略高一些。

2.其他常用工具

除了人体模型，立体剪裁中的常用工具还有大头针、针插、剪刀、尺、笔、橡皮、熨斗等，具体作用如下。

①大头针、针插。大头针是立体剪裁操作过程中的重要工具之一，充当缝纫的角色。针尖细、针身长的大头针摩擦力小，易于针刺，故为首选。以针身直径为标号，大头针有 0.5mm 和 0.55mm 两种。塑料珠头的大头针由于头部较大，颜色各异，影响视觉效果，一般不建议使用；针插用来扎取大头针，形状近似圆形，戴在手掌或手腕上。一般采用丝绒、绸缎面料缝制为佳，内部用腈纶棉充填，可购买，也可自己制作。

②剪刀。裁布剪刀和裁纸剪刀分开使用，裁布剪刀根据使用者的手型大小选择，多适用 9 号、10 号、11 号。

③尺。尺在立体剪裁过程中也是重要工具之一，根据用途不同需要准备用于测量人体部位尺寸的软尺、制图用的 100cm 的直尺、50cm 方格直尺、"L"形尺、"6"字形尺等。

④笔、橡皮。包括用于立体剪裁造型完成后在布片上做标记的记号笔，用于白坯布画线的 2B 铅笔，用于拓印纸样的 0.5mm、0.7mm、0.9mm 的自动铅笔，

以及擦除用的橡皮。

⑤熨斗。整烫坯布丝缕方向，扣烫缝份及整理之用。

⑥针、线。用于假缝试穿、缩缝等。

（三）标志线的使用

人体模型标志线是立体剪裁时的基准线，是为了确保立体剪裁造型准确而设置的，也是纸样展开时的基准线。立体剪裁过程中很少用尺子测量，而单凭眼睛去观察或凭经验处理则会影响裁片丝缕的准确性。标志线犹如一把立体的"尺"，帮助人们在三维空间造型中把握人体模型结构转折的变化，以及布料丝缕的走向，并且对于确定服装各部位的比例关系、服装款式的分割设计发挥着至关重要的作用。

1.标志线的注意事项

①标记标志线时，人体模型必须水平状态放置，不得倾斜和晃动。

②人体模型肩部的高度与人的眼睛平齐为宜。

③选择与人体模型颜色反差较大的粘带，宽度不超过 3mm 为宜。

④标记线的起始点尽量设在人体模型的左侧。

⑤标记线的状态一定要光滑、圆顺、流畅。

⑥标记时可以借助一些辅助工具，如小铅锤或重物、丁字尺等，确保线条准确。

2.标志线的布置

①纵向标志线包括前后中心线、左右侧缝线、前后公主线、肩胛横线，共 7 条。

②横向标志线包括胸围线、腰围线、臀围线，共 3 条。

③其他标志线包括左右肩线、左右袖窿弧线、颈围线，共 5 条。

3.标志线的标记方法

人体模型标志线的标记顺序一般为前中心线、后中心线、胸围线、腰围线、臀围线、左右肩线、左右侧缝线、前后公主线、颈围线、左右袖窿弧线等。

①前中心线。用一根带子系上重物以前颈点为起点悬垂于地面，以粘带按此印记做出垂直于地面的直线。

②后中心线。标记方法与前中心线相同，粘带从后颈点向下做垂线。[①]

③胸围线。过 BP 点（胸部突起最高处）与地面水平做一周围线。可用直尺借一个参照物先测出到 BP 点的距离，然后转动人台，标记出同距离长度的印记，连接一周为胸围线。

④腰围线。取腰部最细处，与地面、胸围线平行做一周围线。

⑤臀围线。在臀部最丰满的部位，与腰围线距离 18—20cm，平行于胸围线、腰围线做一周围线。

⑥肩线。肩颈点为整个颈部厚度的中心略往后，肩端点为肩部厚度的中心，连接肩颈点、肩端点做直线。[②]

⑦左右侧缝线。肩端点处系有重物的带子垂直于地面，用粘带以此印记做向下的垂线。

⑧前公主线。以小肩宽的中点为起点，向下经过 BP 点到腰，再自然向下做出略带弧形的线条。腹部成优美弧度，不可过直或过鼓。

⑨后公主线。以小肩宽的中点为起点，向下经过肩胛骨，过腰部，再自然向下做出略带弧形的线。臀部呈优美弧度，分割均衡。

⑩颈围线。环绕人体模型颈根处做前低后高的圆顺弧线。一般胸围 84cm 的模型颈围长 36—37cm。

⑪左右袖窿弧线。肩端点内收 0.5cm，臂根向下 2—2.5cm，过前腋点、后腋点做流畅弧线。[③]

⑫整体调整。标志线全部标记后，要从正面、侧面、背面进行整体观察，保持左右对称，横平竖直，局部调整，直至满意为止。

（四）大头针的使用

立体剪裁中，大头针的使用是必不可少的，衣片与人台的固定、衣片间的连接、省的叠合、特殊部位的标记等都要用到它。

---

① 当前后中心线标记完成后，需要用软尺在胸部、腰部、臀部测量一下两者左右之间的距离是否相等，若有差距应调至相同为止。

② 从肩部横截面方向观察左右肩线是否对称。

③ 前腋点至袖窿底的弧线略弯，后腋点至袖窿底的弧线略直，背宽不要过窄。袖窿弧线的长度等于 B/2±2cm 为宜。

1. 大头针的基本使用原则

正确使用大头针，是进行立体剪裁的一项基本要求。不恰当的用针方法不仅影响造型效果，还会影响效率。用针的基本原则是连接牢固，方便操作，不影响造型。

首先，要做到疏密得当。直线部位用针间隔较大（5—6cm），弧线部位稍密（约3cm），但间距都应保持相对均匀，否则会干扰造型线。

其次，要根据部位和造型的不同，选择适当的用针方法。

2. 点固定

（1）坯布与人台固定的针法

立体剪裁操作中，首先需要将面料按照一定的纱向要求固定在人台的关键点处。常用的方法为 V 型固定，即将两个大头针以一定角度在相邻的点位入针。这样固定后，布料上下左右都不会发生位移。如果需要临时固定，也可以采用单针斜向插入的方法，虽然只能保证布料单方向的稳定，但由于操作方便，造型过程中也经常用到。

操作时，一般先进行前、后中线的固定，只进行右半部分的立体剪裁时，固定点应该在中线左侧 1—2cm 处，以保持中线处衣片与人台间留有松量，与实际着装状态相符。需要左右片连裁时，固定位置在中线标记带左侧或右侧任意位置。其他轮廓线位置的固定以轮廓线交点内角处为宜，方便后续的修剪。

任何位置的固定，操作时入针位都应该避开标记带。一般情况下不允许将全针垂直插入人台，使用该方法固定后布料与人台会紧密贴合，失去松量空间，与实际穿着状态不符。

（2）坯布与坯布固定的针法

①抓合别

抓合别，即两块布料抓合在一起别，使布料贴合在人体模型上，大头针的位置就是制成线的位置。常用于最初制作结构线，如肩缝、侧缝等部位。

②重叠别

重叠别，即两块布料搭叠在一起，在重叠的地方别。当重叠缝量大时，用大头针横别；当重叠缝量小时，用大头针竖别。常用于衣领与领口的接合处，或面料不够时的拼接。

③折叠别

折叠别是指，当一块面料折叠与另一块面料重叠在一起时，可以横向、斜向或竖向别，制成线清晰可见，折叠印就是制成线的位置。常用于最后制作结构线，如肩缝、侧缝等。

④藏针别

藏针别是指，在面料的折叠印上与另一块面料别在一起，大头针大部分藏在面料里面，折叠印就是制成线位置。常用于最后的衣片缝制或省量收取。

3.实际应用

在实际操作中，应根据连接部位的要求选择合适的别针方法，使用最多的是折叠别。一般情况下，折叠别的起始针与结束针应该在净缝线处，且与轮廓线平行；中间针要求方向一致，间距均匀。当别合区域较大时，需要先别合中间对位点，再分别向两端捋顺后横别轮廓线起点与终点，确认各区域对应线等长、轮廓线顺直后，再等间距平行别合。

省的别合略有不同，省尖处应该直别，针尖连续出入两次后指向省尖。

固定阴褶时，单针连续出入两次，分别固定两侧，针的方向与阴褶垂直。折边的固定需要别合上口，且要求针的方向与止口垂直，不能影响止口造型。

五、立体剪裁的基本步骤

在实际的面料剪裁中，设计师会以手触的方式感受面料的性能与垂感，在这个过程中，设计师能够将触感与头脑中的想法联系在一起，从而迸发灵感。在进行立体剪裁的时候，设计师应仔细分析服装的比例、合体程度、纱向及造型线，想象那些服装都在人的身上穿着一样。因此，不难看出，立体剪裁相较于平面剪裁具有无法比拟的优势，本节将从实践层面介绍立体剪裁的操作步骤。

（一）基本步骤

1.立体剪裁工具准备

立体剪裁工具在量体、作标记跟绘图过程中都要用到。进行立体剪裁之前，就应把需要的工具进行整理，放在触手可及的地方，以便及时取用，下面介绍立体剪裁可能用到的工具及其用处。

①锥子。一种尖头金属工具，主要用来给各种服装面料打眼。

②透明塑料尺。立体剪裁所用的透明塑料尺是一种 45.7cm 长，5.1cm 宽，并刻有 0.3cm 方格的直尺，主要用来画线或加缝份。

③法式曲线板。一种专门用于绘制领子、领线、裆线、袖窿等边线的不规则曲线板。

④臀部曲线尺。一种始端弯度较小、末端弯度较大的61cm细长形曲线尺。用于驳头、缝份、圆摆、公主线等处。

⑤熨斗。立体剪裁中使用的熨斗可以分为蒸汽熨斗和无蒸汽熨斗两种，这两种熨斗的作用都是相同的，主要用来对布料进行归正。

⑥烫熨板。烫熨板是一种能够自由调节高度的平板，主要供熨烫使用，表面稳定而柔软。一般137cm长，38cm宽，其中一端为15cm宽。

⑦L形直角尺。直角相交而成的不等长金属或塑料直尺。

⑧坯布。一种用来立体剪裁的面料。坯布的经纬纱向明显，有着服装设计需要的质量与手感，能够满足服装设计在表现质感方面的要求。不同厚度的坯布触感不同，能够用来代替不同的面料，如轻软坯布有着丝绸般的触感，能够模拟丝绸或精纺棉；中厚坯布具有动物毛皮及厚棉布的触感，能够用来模拟纯毛、中厚棉；粗纺坯布能够模拟厚重纯毛及纯棉。坯布中的帆布能够用来模拟牛仔、毛皮及人造毛。

⑨剪口钳。用来给硬纸板或纸样的边缘打孔。

⑩制版纸。一种高强度的白色点线方格的绘图纸，方格大小为2.5cm。

⑪铅笔。一般使用2B或5H铅笔，主要是用其进行坯布和样板的绘制。

⑫针垫。可以将大头针放置在针垫上，有利于快速使用大头针。针垫以西红柿形最为常见，也不排除其他形式的针垫，只要是便于使用就可以。

⑬大剪刀和小剪刀。大剪刀的长度在10—20cm，材质为不锈钢。剪裁时常用一种弯把手大剪刀，这种剪刀对简单的形状进行剪切。小剪刀的尺寸在7.5—15cm。大小两种剪刀的主要区别是大剪刀一边的把手比另一边大一些，小剪刀两边把手同样大。

⑭标记线。一种用于在人台上确定设计线的梭织窄布条。

⑮大头针。一种不锈钢针，主要作用是对人台上的坯布或面料进行固定。

⑯画粉。一般为4cm方形粉块，用于在服装下摆等处做临时标记线。

⑰卷尺。用于测量人台、坯布及人体尺寸的150cm细长软尺。

⑱描线器。一种带有手柄及锋利齿轮边的滚轮，用于将立体剪裁结果描刻到纸板上。

⑲码尺。一种91cm长的木制或金属长尺。用于协助将样片在面料上沿纱线方向排列，或测量下摆线。

2.实际操作

（1）结构线定位

根据款式要求，在有结构线的位置（如分割线、省等）贴附标记带，以便操作时准确处理。

（2）立体剪裁

①取料。根据要求撕取适量面料，烫平、整方，并做好经、纬纱向标记线备用。

②裁片。将面料覆于人台上，使布纹标记线与相应人台标记线重合，并在关键部位别针固定。例如，前片有胸围线（纬向）、前中心线（经向），后片有肩胛线（纬向）、后中心线（经向）。保证布纹方向准确，将面料依次捋平、捋顺，留出必要的放松量后将多余部分在预定位置收省，使衣片合体。

③做标记。将衣片关键点（轮廓线、省等）做记号（十字标或其他拼接符号）。

④拷贝衣片样板。将衣片从人台上取下，展开平放于图板上，连接各关键点记号，得到衣片轮廓线，并适当修正不顺直部位，留足缝份后修剪掉多余部分。用捕线器将衣片所有标记拷贝到图纸上，得到所需的衣片样板。

⑤检查衣片。将修正后的衣片重新别合后穿于人台上，进行整体检查，检查内容如下。

其一，纱向正确。每个部位都有明确的纱向要求，排除松量不适的前提下，调整省量分布使其符合要求。

其二，检查各部位松量。适度的松量是必需的，可以自然地表现人体的比例与形态。松量过小会使局部出现抽皱，合缝不能自然合拢；松量过大会使局部出现垂坠、松褶，使布纹方向被拉（放）而不符合要求。

其三，造型线的顺直。各部位造型线应顺直流畅，而且强调立体状态。平面与立体的差异往往导致平面顺直而实际造型中出现问题，必须以立体效果为准进行修正。

其四，比例及局部设计要正确反映设计效果。整体分割比例，局部褶、省、袋等的位置、数量及造型等都应该与效果图一致。

⑥样板的确定。根据检查中的调整量相应地修正图样，拷贝到图纸上，得到准确的样板待用。

（二）立体剪裁的材料准备

新技术使得面料比以往任何时期都更挺括、更平整、更牢固且富有弹性。多功能面料满足了人们当今对时尚情调的要求。

面料应满足多种多样的设计要求。常见的休闲装采用粗斜纹、单面针织、各种梭织棉及化纤面料。透明织物，如六角网眼纱、薄纱及薄针织用于服装设计，可以体现人体柔美的线条。晚装面料，如雪纺、双绉、丝绸、巴里纱、锦缎可以体现女性的优雅。有些面料朴实、耐用、结实，如亚麻、泡泡纱、钢花呢、天然棉、灯芯绒、毛料及各种梭织化纤面料。

面料对服装设计的最终结果有重要影响，因此在开始立体剪裁之前，对现有面料要进行充分选择。高水平设计师不仅具备有关面料的织法及后处理方面的知识，而且能分析面料结构与特性，由此确定服装样板的适度松量及正确纱向。

选择适合的面料可以保证服装的外观、耐用性、舒适性，因此非常重要。设计师选择面料时要考虑如下因素：色彩、质地、手感、重量、舒适性及价格等，同时以积极的态度与鲜明的时尚意识投入每一项设计。

1.面料的选择

（1）触感、外观及质地

触感是指手对面料的感觉。外观是指面料的柔韧性。质地是指面料的重量或垂感。面料的特性取决于不同种类纤维的性质、纤维与纱线不同的组合形式、不同的织造方法以及不同的染色与后整理水平。

不考虑触感、外观及质地，首先可以把纤维捻在一起形成纱线，由纱线梭织或针织成织物。其次，色彩可以染上也可印上。最后，用化学方法进行后处理，借此来提高面料的性能，以最终满足用户的要求。

（2）纤维种类

采用各种性质的纤维编织而成的面料有着自身独特的质地，从纤维的生成方式上看，主要可分为两种：一种是以自然界中的动植物为原料来源，利用其毛发、纤维来制作纤维束，棉花、亚麻、羊毛、蚕丝等都属于这一类型的纤维；另一种是通过化学方法制造自然界中不存在的各种纤维，包括涤纶、腈纶、尼龙、氨纶、粘胶等，这些被统称为化学纤维。

每一种纤维都有自身独特的性质，设计师要把握每一种纤维的性质，并在此基础上确定采用何种面料进行设计。制作服装面料的纤维可以只有一种，但有时候为了给面料带来独特的质地，往往会将不同纤维混合搭配，使得编织出来的面料带有特殊的性能，如将有强抗皱性的涤纶与棉一起混合纺织，就能得到既有棉的透气性与吸湿性，又有涤纶的抗皱性的新型面料。由于混纺纤维制成的面料能满足设计师的各种服装设计要求，面料生产厂商也在不断实验各种新型纤维混合搭配方法，以实现更为多样的服装面料性能。

面料的性能除了受到其含有的纤维的影响外，还受到纱线工艺、面料结构、染色工艺及后整理手段的变化，各个环节都会对面料造成一定的影响，使面料效果发生变化。

（3）面料结构

虽说面料可以采用多种方法进行织造，但最基本的方法只有两种——一种是梭织，另一种是针织。首先，梭织面料主要的制作工艺是以梭头在织布机上来回穿梭形成面料，这些面料中经纱与纬纱相互交织在一起。针织面料的制作需要使用钩针，当钩针在织布机上进行纱线的线圈套结时就能形成织物。不同的织造方法会带来面料质感的变化。

①梭织面料

梭织面料以纱线的平纹经线与纬线的对向上下交织形成面料；或者以斜纹的纱线，至少以两上一下或几上几下的形式交织形成面料；或者以缎纹纱线，按照一上几下的形式相互交织形成面料。利用梭织方法织造出来的面料主要有亚麻布、棉布、粗斜纹布、细平布、色织布、府绸、斜纹呢、灯芯绒、毛纺织物、钱布雷绸等。梭织面料一个比较明显的缺点就是容易有毛边，并且面料织得越松出现毛边的几率就越大；如果面料的纱线太稀疏，则会严重影响纱线的耐用性。因此，检查裁边的直顺情况时，经纬纱向要保持直角状态。

②针织面料

针织面料可以采用纤维或纱线编织。日常生活中能够看到三种针织面料：一是单面针织物，其主要采用一套针在幅宽上织成线环；二是双面针织物，其主要采用两套针对织物的正反两个面进行织造，这样织出来的面料有着外观上的高度相似性；三是罗纹针织物，又称纬编针织物，其主要沿着匹长的方向（即经向）采用两套针进行有规律的抽减织针，这样织成的织物的纬向有着良好的弹性，一般双面针织物的弹性无法与之媲美。

总体上，各种针织面料的纬向弹性都比经向大一些，其中双面针织物的强度要比单面针织物的强度高一些，也有着更加厚重的质感，以及较好的弹性与回弹性。在所有的经编织物中，以凸纹经编织物及拉舍尔经编织物最为人熟悉。

在不同的编织工艺下，针织物的弹性是不一样的，每一种针织物的弹性大小跟弹性方向都有着较为明显的区别。从近些年的针织面料制作实践上可以看出，人造纤维、新型弹性纱线及双面编织生产的面料能够保持舒适性、尺寸稳定性，且不易变形。面料生产厂商可利用弹性纱线，如变形丝、氨纶纤维或经过化学处理的棉或毛纤维等，开发新的弹性面料，以给穿着者带来更舒适的体验。

2.纱向要求

除了面料的原料会对其外观及垂感等特性造成影响，面料的纱向也会带来一定影响。一般情况下，经纱向画线有着最大的捻度与强度，如果是顺经纱方向，那么面料就会有比较好的悬垂性，能够保持稳定的造型，但其弹性是最小的；纬纱向的画线，其捻度就会小一些，强度也会差一些，如果是顺纬纱方向，那么面料的悬垂性就会比较差，也会影响面料的保型性，但有着更好的弹性；正斜向在经纬纱间45°方向，这个方向的面料有着最大的弹性，在设计中如果要求在体现形体曲线的同时不加入省道，最好就采用正斜向的纱向。

当出现纱向问题的时候，服装就会出现扭曲、松垂或拉皱的现象，如下摆不齐、波浪不匀等。通常需要保证经纱正确的部位有上衣的前中心线、后中心线（后片无拼接）、背宽线（后中拼接）、袖中线以及裤子的前后烫迹线。纬纱必须保证正确的部位有上衣的胸围线（上衣前片）、肩胛线（上衣后片）以及裤子的臀围线（裙、裤）等。

3.面料的整理

立体剪裁要求面料经纬纱向垂直，一般情况下，由于织造过程中的受力原因，面料都有一定程度的纬斜，所以使用前必须进行整理。

（1）去边

布边一般比较紧，影响面料的平顺，所以应该将其去掉。布边两侧约2cm宽处打剪口，撕去布边（布边可留做带子或包边）。

撕去布边后，经纬向容易混淆，建议顺经纱方向画线做记号。

（2）拉直

熨斗干烫面料，先将折印烫平，观察四边是否顺直，如有凹进部位，须一手压住该部位，另一手斜向用力拉出，将整条边矫正为直边。

面料四角都应为直角，如果不呈直角，在两侧纬边由两人顺两个钝角方向用力拉，使布边相互垂直。

（3）推平

推平是指将面料沿经（纬）向对折，两角分别对齐，如果面料中间出现褶皱，需要用熨斗向反方向推，直至褶皱消失。没有褶皱表明面料经纬向已调整好，可以使用，顺经向折叠后悬于人台备用。

4.标记带的使用

立体剪裁时，为便于把握造型与结构，需要在人台表面特征线的位置贴附醒目的专用胶带（多用红色或黑色）作为标记，简称贴条。

标记带宽度约0.4cm，略有伸缩性，故使用时不宜太紧（伸长变形），避免一定时间后因长度回缩而浮起，尤其在人台曲面部位贴附时注意留足长度。同时注意标记带也不宜留太长，否则会出褶，影响顺直。人台上经常需要贴附曲线，可以提前在干净的玻璃板上将直条拉伸为弧线（类似于归拔），定型一段时间后再贴于人台上，既方便操作又可保证线条圆顺。有时可用即时贴切条代替专用胶带，只是牢度较差，使用中容易脱落。

六、立体剪裁的造型技巧

如今，为了满足人们对个性化、时尚化服装的要求，服装立体剪裁技巧也在不断进步、演变。其中，运用范围最广泛的几种艺术表现手法包括折叠、编织、堆积、缠绕、绣缀、镂空、褶饰、分割等多个类型。这些剪裁技巧不仅可以单独运用在成衣制作中，而且可以与其他技巧组合在一起，共同使用，实现设计构思的艺术造型。

（一）折叠法与编织法

折叠法是将面料一边进行折叠一边进行熨烫，使面料按一定造型定型的一种方法。而编织法则是将布料折成布条或缠成绳状，然后将布条、布绳之类的材料用编织形式编成各种具有美观纹样的衣身造型的一种技术手法。

1.折叠法

（1）折叠法的形式特征

折叠法的具体定义为，操作者先选择布料的其中一部分，然后根据具体规则进行折叠，或是无规则地进行折叠；其次，操作者要用一些工具，如大头针或针线将折叠的部分拉开，或是不拉开，最终产生既具一定的立体感，又具备蓬松的外观造型的一种立体剪裁技巧。

折叠法可以选择任意丝缕的方向来完成造型制作，从而为服装造型营造出一定的节奏与韵律感。根据外观的线型，折叠可分为如下几类：直线褶、曲线褶以及斜线褶。根据形态，折叠还可分为如下几类：顺褶、阴褶以及阳褶。

一般来说，折叠部位的折裥宽度范围为4—10cm，如果宽度太小的话，那么可以拉开的褶量就会变少，导致无法形成必要的体积感；反之，如果宽度过大的话，可拉开的褶量又会变多，制成的成衣会给人们一种过分的臃肿感。因此，操作者要结合款式的具体风格以及相应的面料特性来恰当地选择一定的折叠量，这对成衣效果而言非常重要。

（2）折叠法的技术要点

①操作者需要精准地估计成衣所需要的实际用布量。这里的用布量可以用公式进行计算。

用布量的实际长度 = 实际造型的长度 + 折叠造型所需的用布量

折叠用布量 = 折叠个数 × 一个折叠宽度

②操作者要根据蓬松度的大小来估计折叠量的多少。通常，蓬松感弱的折叠量取4—7cm即可，而蓬松感强烈的折叠量可在7—10cm的范围内。这里要强调一点，操作者在做蓬松造型的时候，一定要将折裥部分布料拉开，动作不要过于用力，以免布料变形，破坏成衣的整体效果。

2.编织法

（1）编织法的形式特征

编织法的实践流程为，操作者先将布料折成条，或是用力扭曲缠绕成绳子的形状，随后将布条、布绳等制衣材料采用编织的形式，编织成具有不同样式的美观纹样的衣身造型。

采用编织法可以给成衣带来特殊形式的质感与细节、局部。该方法是可以直接使成衣获得肌理对比美感的一种技巧方法。因其独立的创作方法，编织法能够带给人们一种在稳定中寻找变化，在质朴的主基调中稍显优雅的感觉。可以说，采用编织法可以突出成衣的层次感与韵律感。

通常，人们会选择皮革、塑料、布料、绳带等材料作为编织法的必备材料。除此之外，人们还可以在制作过程中在编饰的部分进行艺术处理，这部分可采用绳编、结编、带编、流苏等多种形式，以增加成衣的美感。但是，无论操作者选择哪一种方法作为具体的操作手法，都要注意人体凸起和凹陷处的立体造型的省道设计。

（2）编织法的技术要点

编织法的技术要点主要体现在布料的剪裁以及布条的缝合上。要想使成衣具备编织造型，那么操作者就需要将现有的布料进行折叠处理，将其折成制作所需宽度的扁平状布条，而后将布条按照一定的规则剪裁开，具体的剪裁公式如下。

布条裁剪宽度 =2 × 布条实际宽度 +2 × 缝份

人们最终想要的扁平状布条其实还需要通过缝纫机的缝合工作才能完成。首先，操作者要将缝份藏在布条的里端；其次，面面相对进行缝合；最后，将其后翻到正面，进行烫平环节。这里需要注意的是，在整个编织过程中，对于不能紧密排列的部位，应该把布条在不显著的部位进行巧妙穿插设计，以提高成衣的艺术效果。

（二）堆积法与缠绕法

堆积法是对面料进行局部造型后堆积到衣身上进行服装外轮廓立体造型的一种方法。而缠绕法是指将布料有规则地或随机地缠绕在人体模型上的一种立体剪裁技术手段。

1.堆积法

（1）堆积法的形式特征

堆积法是一种难度相对较低的立体剪裁技巧，它指的是操作者根据面料的剪切性，从多个不同方向对其进行挤压、堆积，从而使面料形成外观不规则、整体自然以及立体感较强的皱褶的方法。

当然，操作者也可以选择采用某一种特定造型元素进行不断重复叠置，这也能让成衣具有强烈的体积感。堆积法可以充分利用织物皱褶的饱满及折光效应，使成衣的造型富有一定的美感与感染力，因此该方法广受设计师们的欢迎。

（2）堆积法的技术要点

堆积法的技术要点相对简单，即操作者从三个或三个以上的方向来对布料进行挤压、堆积，从而促使布料形成三角形或多边形的皱褶。运用堆积法的时候需要注意，每一个皱褶之间一定不要形成平行堆积关系。因为平行的堆积关系会使服装造型略显呆板与单调。除此之外，服装造型的每一个部位的堆积量也要尽可能地保证大小数量的不同，以此形成变化，突出层次感。在叠加处理单独元素的时候，还要注意观察服装的整体造型效果，不要进行无序的堆砌，以免破坏服装造型的整体美感。

2.缠绕法

（1）缠绕法的形式特征

缠绕法是一种历史悠久的立体剪裁技巧，它指的是操作者要结合布料的悬垂性与人体外形的优美曲线来完成服装的造型设计，具体的操作流程如下：操作者需要随机或按照一定的规则，将服装材料缠绕、包裹、扎系在人体或是人体模型上来完成形式各异的服装造型。

缠绕法是人类自然的、原始的、古老手法与现代设计理念的一种积极的、合理的、有机的结合。从古罗马人用缠绕式托嘎作为装束，到印度妇女的纱丽服，再到现代的缠绕式时装，可以说，缠绕式造型从古至今都深受欢迎。采用缠绕法制作成衣的时候，最好选择有光泽或有弹性的面料，用来增强造型的流动性和圆润感，提高成衣的美感。

（2）缠绕法的技术要点

如果操作者想采用缠绕法来完成服装造型的话，需要为布料的缠绕做好前期准备工作。首先，操作者需要根据服装款式将要缠绕的服装部位确定下来。其次，布料的选择至关重要，其边缘一定要匀净、光滑，在此基础上形成的布纹一定要流畅自然，不能让人们觉得过于生硬刻板。因此，在采用缠绕技巧的时候，操作者可以根据服装造型的需要进行再设计。

（三）绣缀法与镂空法

绣缀法指的是通过手工缝缀形成凹凸立体感强的纹样，然后将具有艺术效果的纹样装饰在服装的领、肩、腰等部位。而镂空法则是面料二次造型的一次特殊手法，它指的是在服装具备基本造型的基础上作镂空处理。

1 绣缀法

（1）绣缀法的形式特征

绣缀法是最能凸显服装造型美感的立体剪裁技巧之一。绣缀法需要操作者通过手工缝缀的方式，促使面料形成凹凸、旋转等立体感强的纹理，从而装饰在服装造型的不同部位；或是选择手中现成的装饰物，如羽毛、花卉、珠、钻、铆钉等，将其进行排列、重构、组合等不同形式的处理，使装饰物变成立体的实物，然后通过缝纫、刺绣、粘接等不同的方法将立体实物放置在服装上，最终形成具有较强立体感和装饰性的图案。

（2）绣缀法的技术要点

绣缀法的技术要点在于使纹理与布料具有较高的融合感。操作者需要仔细观察服装款式造型的各个细节部分，然后在需要进行处理的服装款式造型的具体部位上，把采用绣缀技术得到的纹理与布料进行协调组合，使两者风格浑然一体。

这里需要强调一点，绣缀法的每格间距都要根据款式缝缩的需要以及服装造型想要达到的效果而定，可宽可窄，表现在需要强调设计的部位，实现完美的造型设计。

2.镂空法

（1）镂空法的形式特征

镂空法是目前广受服装设计师欢迎的一种立体剪裁技巧。镂空法的含义为，操作者在面料上把图案的局部切除，使局部具有断开、镂空、不连续性的特征。

由此可见，镂空法是利用破坏成品或半成品面料的表面，从而使服装造型具有规律或不规律的纹样特征的方法。这种不连续、不完整的外观造型与连续、具备完整性的外观造型进行对比，可给人们一种别致的视觉效果，因此，镂空法也是现代服装比较重要的、使用频率较高的装饰方法之一。

（2）镂空法的技术要点

通常，采用镂空法的操作者需要在面料方面下一些功夫，最好选择一些挺括且带有一定厚度的面料来完成镂空技术的处理，或者操作者可以将手感偏软的面料进行前期的粘衬处理，这样也能达到良好的艺术效果。镂空法虽然可以增添服装造型的美感，但是选择、设计镂空的纹样造型时，务必与服装的整体风格相匹配，不要给人以突兀感。

（四）褶饰法与分割法

褶饰是指通过抽褶、堆积、折叠、错位、扭曲、抽缩等造型手法，使衣料既能满足人体体形的需要，也具有强烈的立体感。而分割法则指的是将某一基本造型进行分解离散，通过打破原有的整体造型，使服装造型富有层次感与空间感。

1.褶饰法

（1）褶饰法的形式特征

现阶段，褶饰法是内容丰富、艺术效果较突出的立体剪裁技巧之一。在不同外力的作用下，褶纹可具备不同的外观形式。因此，根据面料的受力方向、位置、大小等因素，褶纹可拥有不同状态，一般有叠褶、垂坠褶、波浪褶、抽褶、堆褶等。

①叠褶

叠褶指的是以点或线为单位起褶，它是由面料集聚收缩所形成的具有丰富、舒展、连续不断特征的一种纹理状态。一般来说，叠褶能够体现服装设计中线条的运用效果，因此它常常被用于服装主要部位的装饰。

②垂坠褶

垂坠褶指的是在两个单位之间起褶（两点之间、两线之间或一点一线之间），从而形成具有疏密变化的各种曲线（或曲面）的褶纹。垂坠褶往往能体现出自然垂落、柔和流畅、优雅华丽的纹理状态，因此常常被用于胸部、背部、腰部、腿部、袖部等多个部位的装饰。

③波浪褶

波浪褶指的是以各种点或是线作为起褶的基本单位，而另一边缘又呈现出波浪起伏、轻盈奔放、自由流动的绚丽状态的纹理。波浪褶充分利用了面料斜纱的基本特点及其内外圈边长之间的差数，由外圈超出的布量可形成波浪式的褶纹。此时，造型的褶纹会跟随内外圈的边长差数的大小变化而改变，通常，差数越大，褶纹就会越多；反之，褶纹就会越少。因其具有似海浪般动态的效果，所以波浪褶常常被用于服装造型各个部位的饰边与圆形裙的装饰。

④抽褶

抽褶同样可以将线、面作为起褶的基本单位，其与波浪褶的差异在于抽褶是利用对布料的反复，即无规律地进行折叠、收紧步骤，表现出具有强烈收缩效果的褶纹。抽褶与用针拱缝后再抽紧缝线形成的褶纹有所不同，这种通过折叠环节产生的褶纹，具有其他褶饰技术都不具备的较强的浮雕艺术效果，其形式生动活泼，并且富于变化。因其具有灵活生动的艺术效果，抽褶也常被用于服装造型中主要部位的强调与展示设计。

⑤堆褶

堆褶以面为基本单位起褶，然后将布料从多个不同的方向进行堆积与挤压，从而使服装造型呈现出疏密、明暗、起伏、生动的多种纹理状态。可见，"堆褶"具有较强的立体造型效果，可以实现增强造型艺术效果的目的，因此，它适用于服装造型的各个部位的强调以及夸张。

（2）褶饰法的技术要点

褶饰法的形式比较灵活，通常根据褶饰的各种形式，采用手缝或机器缝制来造成褶纹。

褶饰法的技术要点在于操作者要精准预测服装造型的具体用布量。这里需要强调的是，无论是手工缝还是机器缝，操作者都应该将线头放在布料反面，然后根据褶皱造型的实际效果来及时调整线迹的长度或轨迹。与此同时，操作者在进行理顺褶纹步骤时，一定要观察褶皱的起伏量，努力使服装造型具有节奏感。

褶饰法强调褶纹要活泼生动、富有情趣变化。可以说，褶饰法是众多立体剪裁技巧中应用最多的技巧，它不仅可以用于局部的造型，也可以用来表现整体效果。

在形式各异的褶纹中，塔夫绸、色丁的褶纹具有华丽、丰盈感；而雪纺、丝绸的褶纹则具有灵动、飘逸之感；最常出现在高级华丽服装上的丝绒、天鹅绒的褶纹则给人一种饱满、立体的艺术美感。因此，操作者需要结合具体的设计风格，选择不同质地的面料来进行褶饰表现，以突出不同效果。

2.分割法

（1）分割法的形式特征

分割法也是当前服装设计中比较常见的一种服装造型的技法。分割法的基本含义为，操作者需要综合运用分割线的形态、位置和数量等多个方面，实现元素的综合设计，从而对服装造型实现分割处理，利用视错觉创造出设计师构思中的理想比例与完美造型。

根据结构设计的性质划分，服装衣片上的分割线可大致分为功能型分割线与装饰型分割线两大类。其中，功能型分割线常用于合体的服装造型中，含有省量，位置也相对固定；而装饰型的分割线则多用于宽松型的服装造型中，与功能型分割线不同，其不含省量，而且位置的设置也较为自由。当然，服装的结构设计根据形态的不同，还可以分为如下几种形式，如横向、纵向、斜向、直线、曲线分割等，因其具有灵活的特征也常被用于各类服装款式造型中。

（2）分割法的技术要点

分割法的技术要点在于比例的确定。首先，操作者要在人台上确定好即将分割的布料部位，并用粘带做好标志。其次，操作者在进行立体剪裁的时候，一定要确保分割线的比例、方向、表情等方面合理，以及线条要保持流畅与美观。最后，采用分割法需要格外注意分割线一定要与人体形态相吻合，以体现人体的线条美。

在进行结构教学时，要使毫无经验的学生在较短的时间内掌握更多的制版知识和技巧，就要求教师很好地设计课程。在结构教学中，首先从简单的裙装和裤装着手，使用平面结构的设计方法，通过工艺制作，使学生了解服装设计各程序之间的联系和方法；其次慢慢进行相对复杂的服装款式的结构教学，并使用立体制版方法进行教学，使变化多端、造型夸张的舞台服装的结构设计变得容易。

立体剪裁是服装设计的一种造型手法，其方法是选用与材质特性相近的试样布，直接披挂在人体模型上进行裁剪与设计，故有"软雕塑"之称，具有艺术性与技术性。

立体剪裁操作性强，不受复杂计算公式的限制，在操作过程中可以一边设计一边裁剪，能够比较容易地解决很多制版过程中难以解决的问题。尤其对于一些立体造型，如不对称设计、褶裥、垂褶设计来说优势突出。

以往的舞台服装设计教学大多以基础训练和效果图技法训练为主，由于不懂得服装结构，很多设计不一定能实现，只能停留在纸面上。加入立体剪裁实践环节，能让没有任何基础的学生也很快上手，并且有利于学生创新思维和动手能力的培养。

舞台服装款式设计中经常出现这样的情况：服装效果图阶段完成得很好，但做出的服装却与设想相差甚远。出现这种情况的主要原因，是设计师缺乏立体意识及立体剪裁训练，在结构设计中没有把思维引向空间审美特征上，束缚了设计想象。可见，良好的空间意识训练是必不可少的。

第五章

舞台服装制作流程与管理

　　舞台服装的制作工艺与日常服装大致相似，只在部分细节方面因其为表演服务的特殊性而存在少许不同。舞台服装的制作涉及多方面的工艺，要求服装设计师了解不同的面料、裁剪技巧、缝纫工艺等，以确保演员在穿上服装表演时自如展现动作之美。同时，考虑到演员在舞台上的特殊表演需求，设计师还须解决试穿、舞蹈、戏剧性动作等方面的技术难题。本章即对舞台服装的制作流程与管理进行论述。

　　舞台服装设计主要采用平面服装效果图与立体舞台演员造型两种呈现方式。无论采用哪一种呈现方式，都要经历一个头脑构思 — 素材选取 — 纸面呈现 — 舞台呈现的过程，其中从纸面呈现到舞台呈现花费的时间最多。在呈现服装设计的过程中，有些设计师虽然能将效果图画得很好，却不能将其转变为理想效果的成衣；有些设计师虽然效果图画得一般，却能将成衣做得很出色。服装制作相当于服装设计的二度创作，这个过程就是要将设计师的想法尽最大可能变为现实，要将头脑中的想法物化，在物化的过程中，选择何种面料材质、色彩搭配、缝制工艺等都十分讲究，在舞台呈现之前还要对服装进行细微的调整，以达到最理想的视觉效果。为了让最终呈现出来的视觉效果尽可能符合设计师的想法，就必须把前期的设计图画好，把设计意图完整地呈现出来，因为服装效果图是制作服装最基本的参照，它的重要性就如同建筑工程中的施工图纸一般。在实际制作过程中，还要对所有的设计元素进行调整，将图纸上的每个步骤进行整合，以便达到理想的设计效果。

　　设计方案的实施是一个再创作过程，通常来说，设计师在效果图设计阶段就已经对面料和工艺有所考虑了，但仍然会有一些考虑不周之处，实际制作中会根据需要做一些调整。很多服装设计师都会亲自参与服装制作过程，在每一个环节上进行严格要求，以达到最初的构想。当需要在较短时间内制作数量、款式很多的服装时，就会有专门的服装监制来配合设计师完成整个服装制作流程。服装监制能够充分理解设计方案，将设计师的想法准确传递给服装制作工厂，指导服装制作的每个环节，减轻服装设计师自身的压力。

　　服装的设计与制作直接影响着舞台表演的效果，在舞台表演中起着重要作用，本章主要从工艺方面进行介绍。目前，舞台服装制作生产的模式有两种：一种是纯人工化模式，主要以人工劳动来完成服装制作生产，服饰手工工艺是最主要的工艺手段；另一种是技术化生产模式，通过采用不同的技术来实现设计师要求的效果。二者比较起来，技术化生产模式能维持更稳定的产量与质量，而纯人工化模式虽然在产量方面要低一些，但对于舞台服装这样的艺术品质要求高、产量要求相对较低的服饰而言更加适合，以满足服饰的品质要求。采用纯人工进行服饰生产，成品的视觉感官更加自然，不会像流水线生产那样规整刻板，与戏剧影视作品对服装艺术品质的要求相吻合。

第一节 舞台服装制作流程

一、设计与绘图

设计师在读完一个剧本以后，就要对剧中人物服装的美术风格有一个基本判断，再经过与导演的沟通把服装风格最终确定下来。服装的美术风格确定以后，就能基本确定服装的色彩、材质与款式范围，这些都是服装独特的语言成分，通过合理搭配这些语言成分就能让每个角色的个性得到凸显，让人物的形象变得更立体。

二、选材与染色

选材时要根据服装设计的款式和角色特点选择合适的面料、辅料和装饰品，具体如下。

其一，选材最重要的一点是选择的材质利于表演，如使用雪纺做水袖，可让水袖更加灵活；使用春绸做腰包和青褶子，使得服饰挺括；西湖呢比较厚实，多用作彩裤和武旦使用的腰巾子，更加结实耐用，等等。其二，材质的选择也要考虑到角色的地位。例如，帝王、后妃等宫中具有较高地位的角色，他们的服装运用云锦、缂丝等材料，使得服饰更加华美大气，更能突出主角的地位和身份。其三，面料的图案等应与舞台灯光、背景和整体设计风格相协调。例如，戏曲服装的选料除传统的材质外，有时还会使用亮片、水钻、纱料等现代材料，是为了使得舞台效果更佳。

染色方面，现在较为讲究的舞台服装制作都不会买现成颜色的面料，一般都是制作者自己染料，主要是为了能控制好色彩。舞台服装的色彩具有明显的隐喻功能，不同颜色代表了不同的人物身份、人物性格、人物所处的环境。比如，历史题材话剧中，黄色代表的是皇室的身份，红色代表职位高的官员。为了更好地设计舞台服装，设计师必须了解中国传统服饰的色彩特点，如宋代追求质朴、自然，多采用鹅黄、粉红、浅绿、淡青、素白等柔和色彩；明中期开始流行大红、大绿等撞色搭配，并缀以金色装饰，到晚明时期则又回归使用柔和色彩且一直延续至清朝。

三、制版与裁剪

制作服装之前首先要根据演员的尺寸和角色需求，确定服装的尺寸，主要确认领围、胸围、腰围、身长等。其次，还要了解古今服装的版型。古代汉服多为宽袍阔袖，外轮廓造型宽大平直，不显腰身，多数呈庄重质朴的"H"型。现代礼服剪裁修身，收腰，凸显演员身体线条的轮廓。

裁剪前根据设计图的服装结构进行制版，绘制效果图，然后根据效果图裁剪面料。裁剪时须考虑服装的对称性和图案的布局。服装的裁剪要严格根据尺寸进行开料，如果是古代汉服一般以两倍衣长为基准；如果是大袖则需要增加单独长度的面料；一些小部件，如领子、飘带等尽量安排好位置，以便材质得到充分的利用。

四、缝纫与制作

（一）机缝基础操作

舞台服装的缝纫与日常服装类似，但有时需要更多的技巧和细节处理，以适应舞台表演的特殊要求。首先，操作者需要熟悉缝纫机的各个部件和功能，了解如何穿线、调整缝线长度和宽度、选择不同的缝纫模式等，并根据舞台服装的面料选择合适的线和针。例如，对于厚重的舞台服装，可能需要使用更强韧的线和大号针。其次，按照缝纫机的说明正确穿面线和底线，确保线穿过所有必要的导线孔和线梭，并根据需要调整缝纫机的缝线长度、宽度、张力等。一般3针1厘米的线迹最合适。对于舞台服装，可能需要更精细的调整以适应特殊的装饰和细节。最后，熟悉缝纫机后就可以开始练习缝制直线和曲线，这是缝纫的基础。对于舞台服装，可能需要缝制更复杂的图案和装饰。

舞台服装的缝纫是一个复杂且要求高的过程，需要缝纫者具备高超的专业技能。通过不断学习和实践，可以提高制作高质量舞台服装的能力。

（二）手缝基础针法

手缝基础针法是服装制作中不可或缺的技能，尤其在需要精细处理和装饰的部位。以下是一些常用的手缝基础针法，适用于舞台服装的制作和修补。

①平针法。这是最基础的针法，用于缝制直线或简单的装饰。穿针后，直接在布料上进进出出，形成连续的线迹。

②回针法。比直针法更结实，适合缝制边缘和加固缝线。每缝一针后，针都

会回到前一针的起始位置，形成紧密的线迹。

③锁边缝。用于衣物边缘的毛边，防止毛边散开。

④藏针法。用于缝制服装的内侧或隐藏接缝，使针迹不外露。针从布料的反面进针，只在正面露出极小的线迹，然后从反面出针。常用于不易在反面缝合的区域，以及在最后的翻口处完成最后的缝合。

④打结针法。用于在缝制过程中固定线头或作为装饰。在布料上打结，形成小的装饰性结。

在手缝舞台服装时，选择合适的线和针也非常重要。对于厚重或特殊效果的面料，需要使用更粗的线和大号针。同时，应保持针脚均匀和整洁，以确保服装的整体美观。不断练习手缝技巧，将有助于制作出更加精致和专业的舞台服装。

（三）衣片的缝合

在舞台服装的制作中，锁边平缝和来去缝是衣片缝合中较为常见的两种缝纫方法，它们各自有不同的特点和用途。首先，锁边平缝是最基本的缝纫技术之一，它涉及将两片布料的边缘对齐并缝制一条直线。这种缝法简单、快速，适用于缝制直线边缘，如服装的侧缝、肩缝等。其次，来去缝常用于轻薄面料的缝制，可以有效防止布料边缘的毛边和脱线。这种缝制方法不仅适用于舞台服装，也适用于日常服装。通过在布料的正反两面都进行缝制，可以大大增强服装边缘的耐用性和外观效果。在舞台服装的制作中，来去缝这种方法尤其重要，因为服装需要在高强度的使用中保持其完整性和美观性。

在服装制作中，绱领子和绱腰是两个关键的步骤，它们对于确保服装的合身度和美观性至关重要。这两个步骤通常在服装的主体部分缝制完成后进行。首先，领子是服装中非常重要的部分，它不仅影响服装的整体外观，还影响穿着的舒适度。在服装制作中，要确保领子的尺寸和形状与服装的领口相匹配，可使用缝纫机或手工缝制，将领子缝制到服装的领口上。通常从领口的一侧开始，逐渐向另一侧缝制，确保领子均匀地贴合在领口上。其次，腰部的处理对于确保服装合身和舒适同样重要。上衣、连衣裙的腰部的缝制不同，但都要确保缝份的剪口不外露。

五、装饰与细节工艺

（一）装饰工艺

1.印花

印花可以增强舞台服装的视觉效果。例如，戏曲服饰常用折枝花、散花、二方连续、四方连续、满花花样等进行装饰。戏曲服饰的花样一般较为接近工笔画，要求画得细致，但不能画得太满，因为在绣花和圈金的过程中，图案会变粗，画面也会饱满起来，画得太满反而最后图案呈现的效果会比较杂乱。另外，印花有时还会用到刷样，将图纸放在料子上，用油墨在布料的花样范围内刷出图案。一般浅色料子用深油墨，深色料子用浅油墨。刷样的时候，样纸要压紧，手势轻柔反复刷，使得花样清晰；刷样结束后，样纸正面对正面卷好存放，以免弄脏反面影响下次使用。

2. 刺绣

在舞台服装中，刺绣（图 5-1、图 5-2）可以作为视觉焦点，吸引观众的注意力。通过在服装的关键部位（如领口、袖口、胸前等）使用醒目的刺绣图案，可以突出服装的特色。刺绣工艺是舞台服饰制作过程中最复杂又最漫长的一个过程，也是最能体现工艺的一个过程。舞台服装制作中，地位高的角色可能会使用金线和精细的图案进行装饰，而粗犷的角色则可能采用较为简朴的刺绣风格。刺绣的基础工艺技法并不困难，发挥空间巨大，设计师既可使用刺绣创造出常见的平面图案，还能创造出富有层次感的立体图案。值得注意的是，刺绣工艺的适用条件比较有限，一般不建议应用在厚度较大、色彩丰富的服装上，因此应用中要根据服装的特点确认是否使用刺绣。

图 5-1　服装上的刺绣（一）　　　　图 5-2　服装上的刺绣（二）

3. 珠绣与亮片绣

在舞台服装上缝制亮片、珠子等装饰物，可以增加服装上的闪光效果。珠绣与亮片绣主要是利用绣艺将珠子、亮片固定在服装的指定位置，用局部的造型来衬托服装及角色美感，这种工艺在戏剧影视服装中十分常见。珠绣与亮片绣的造型大体可分为散点、立体两种，前者比较分散，后者则相对集中，且通过堆叠等方式来塑造立体造型。两种造型并不冲突，可以同时用于服装的不同位置。以某戏剧影视服装为例，该服装用于"家世显赫"的角色，所以要具备衬托角色家世的功能，故通过珠绣与亮片绣在服装下摆处缝绣了8处亮片，属于散点造型；而在服装上半区的袖口处则缝绣了6颗珠子，整体造型呈立体的"元宝"形，属于立体造型。值得注意的是，多数戏剧影视服装中，珠绣与亮片绣的珠子、亮片数量很多，且对缝绣位置的精度要求很高，若有偏差很容易破坏美感，因此应用中建议先预先做好定位，再进行缝绣操作。

4. 拼贴和拼接

通过将不同面料、图案或颜色的面料层叠或拼贴在一起，创造出丰富的视觉层次感。

5. 做旧

根据舞台视觉效果要求，有时需要对服装进行特殊处理，最常见的手法就是做旧，通过磨损、撕裂、染色等手段，使服装看起来更加陈旧、有历史感。在一些戏剧影视作品的剧情桥段中，需要人物穿上旧的服装来传递一些信息，否则难以让观众产生代入感。例如，角色家庭背景贫苦，因此身上的衣服必然是破旧的。做旧主要侧重两个要点：一是质感，即使旧服装非常平整，也要从色泽、毛糙等方面体现出与新服装质感上的不同，因此相关人员要对旧服装质感进行观察，把握其中特征；二是皱褶，即旧服装上往往会有一些自然的皱褶，这种皱褶有别于刻意折叠产生的折痕，是长期积累而成的，故做旧时也要注意这一点，不能将折痕与皱褶完全混为一谈。

制作做旧服装时，首先要明确做旧程度，最重要的是遵循生活规律。以下是一些要考虑的生活规律：其一，考虑角色的职业和日常活动，以确定服装上应该存在的磨损和痕迹。例如，一个农夫的服装可能会有污渍和土壤；其二，不同的材料在日常使用中会有不同的磨损程度。例如，棉布可能会褪色，皮革可能会有裂缝，这些都需要在做旧过程中考虑到；其三，角色的社会地位也会影响服装的磨损程度；其四，根据服装的使用频率，确定不同部位的磨损程度。例如，裤脚的磨损可能比领口要明显。通过仔细考虑这些生活规律，服装设计师可以创造出更加真实的做旧效果，使舞台服装更好地融入戏剧情境中。

其次，选择服装做旧的工具和方法，如下。

①磨砂工具。使用磨砂工具，如砂纸、铁丝刷或磨砂机，可以在服装的表面制造出摩擦痕迹和磨损感，使服装看起来更为老旧。一般在服装的边缘制造出磨损和磨边效果，看上去更自然。

②染色和漂白。染色和漂白是改变服装颜色和形成做旧效果的有效方法。通过局部染色或漂白，可以模拟时间的影响，如晒斑、褪色或污渍，使服装产生褪色或斑驳效果。

③刷涂和喷雾。使用刷子、海绵或喷雾，在服装上涂刷或喷洒不同颜色的染料或颜料，创造出各种质感和年代感。

④人工损坏和修补。通过创造性地添加人工损坏和修补，如裂缝、补丁和缝线，可以使服装看起来更加老旧，并营造出历史感。

⑤皱和折叠。通过增加服装上的褶皱和折叠，可以模拟长时间的穿着和使用，使服装看起来更为自然和老旧。

在使用这些工具和方法时，设计师需要考虑剧情背景、角色特征和服装材料，以确保做旧效果与整体戏剧制作相协调（图5-3、图5-4）。

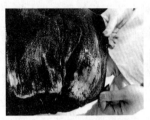

图 5-3　服装做旧

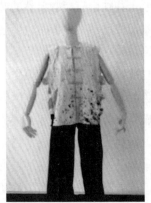

图 5-4　群演服装的局部特写

注：颜色是用丙烯颜料画上去的，用高锰酸钾做旧。

每个服装装饰工艺都是一门独特的技能，既为设计师提供了广泛的创作选择，又赋予服装更高的价值和独特性。设计师可以根据服装制作需求，巧妙地结合这些工艺，创造出与众不同的服装作品。

（二）细节工艺

1.开衩工艺

在制作中式服装时，开衩工艺是其中一个至关重要的细节，尤其对长袍类服装而言，开衩的设计显著提升了穿着者的活动自由度。它允许穿着者在蹲坐、弯腰时，不会被衣摆限制身体的活动，从而大幅提高了穿着的舒适性。

开衩工艺涉及多个步骤：首先，在服装设计的初期，设计师需确定开衩的位置和尺寸，并决定采用何种开衩方式。其次，在剪裁的面料上准确标记出开衩的位置，并使用测量工具确保开衩的长度和位置的一致性。对于较薄的面料，可能需要在开衩处粘合衬布，以提升耐久性，并使开衩更为平整。再次，使用适当的缝纫技术，沿着标记好的线条缝制开衩，确保线迹整齐、平滑，同时保持与整体服装的一致性。处理开衩边缘时，要确保边缘整齐、不易褶皱。根据设计需求，还可以在开衩处添加装饰，如刺绣、镶边、流苏等，以增强设计的独特性。完成缝制后，使用熨斗对开衩部位进行烫平，确保开衩线条流畅、整齐。最后，进行服装的试穿，检查开衩的位置、长度和线迹是否满足设计要求，根据需要进行微调。

总体而言，精细的工艺制作是确保服装开衩效果优雅和穿着舒适的关键。

2.拉链的安装

在戏剧、歌剧、舞蹈等表演艺术中，演员会频繁更换服装。拉链的快速开合功能极大地提高了服装更换的效率，节省了宝贵的时间，从而提升了整体表演的流畅性。因此，舞台服装上拉链的安装是一项至关重要的工艺，它要求精确的测量、细致的缝制，以及对服装整体外观的考虑，以确保拉链的顺畅使用和服装的美观。以下是缝制舞台服装拉链的工艺步骤：其一，是测量和标记，在服装上标记拉链的安装位置，确保服装对称且拉链位置合适；其二，根据服装的颜色和材质，选择隐形拉链、金属拉链或塑料拉链，并确保它与服装的颜色和材质相匹配；其三，在缝制拉链之前，将其完全打开，确保拉链头部分离，这将使拉链更容易缝制且不易损坏；其四，使用合适的缝纫机压脚，沿着标记的线缝制拉链，确保拉链两侧与服装的布料紧密相连，以防止裂口或变形；其五，选择合适的线，以确保拉链缝制的牢固性，颜色要与服装相匹配，使线迹不易被察觉；其六，手工缝制末端，以确保末端牢固，这是确保拉链顺利使用的关键步骤；其七，在拉链缝制完成后，可进行试穿，确保拉链能够顺利开合，服装整体外观没有变形；其八，使用熨斗轻轻烫平拉链周围的面料，确保整体外观平整。在实际操作中，熟练的技术和精心的细节处理是保证舞台服装拉链工艺成功的关键。

3. 绳带的制作

舞台服装中的绳带可以灵活地调整服装的紧松度，确保服装在表演过程中保持良好的贴合度，既不会过于宽松而影响动作的灵活性，也不会过于紧绷而限制演员的活动，提高了服装的通用性和灵活性。在绳带制作中，对于45度角斜裁的处理是一项关键的技巧，主要用于避免绳带边缘的厚重感，提高整体外观的流畅性。具体操作时，在绳带的一端使用尺子和缝纫笔标记出45度的角度，然后沿着这个标记线，使用剪刀进行斜裁，确保修剪整齐、平滑，以获得斜切边缘。斜切边缘的处理也非常重要，可以使用缝纫机缝制一层边，确保边缘不会散开。这种斜裁方法不仅减轻了绳带的边缘厚重感，还使得整体绳带更为柔软、轻盈，在视觉上也增强了服装的美观度和艺术感，更适合用于服装的装饰。

4. 更改尺寸

在舞台服装中，更改尺寸具有重要的作用，通过调整服装尺寸，可以确保同一款服装适用于不同体型的演员，从而减少制作多套服装的需求，节省时间和成本。更改舞台服装的尺寸涉及多个步骤，具体取决于需要调整的部分以及服装的设计和结构，以下是一些常见的方法。

缝制调整。对于有缝制结构的服装，可以通过调整缝合线来改变尺寸，如缩小或扩大腰围、裙摆或裤腿等。

增减布料。如果服装设计允许，可以添加额外的布料以扩大尺寸，或者剪去一些布料以减小尺寸。这可以在适当的位置进行，如侧缝、腰部或裤腿。

拉链或扣环调整。如果服装上有拉链或扣环，可以通过更换更长或更短的拉链，或者移动扣环的位置来调整尺寸。这适用于腰带、裤子和连衣裙等。

添加调整带。在服装内部添加调整带是一种常见的更改尺寸的方法。这些带子通常位于腰部或侧缝处，可以用来拉紧或放松服装以适应不同的身型。

改变裙摆或裤脚长度。调整裙摆或裤脚的长度可以影响服装的整体感觉。这可以通过重新裁剪来实现。剪裁调整。通过在适当的位置，如侧缝或后缝进行剪裁调整，可以更改服装的尺寸。这需要谨慎操作，以确保服装的整体比例和设计得以保留。只要可能，在设计制作时都要留出余量，以便在以后的演出中调整服装的尺寸。这样可以使服装适合不同体型的人，也有利于适应演员在排练中体重增减的变化。

第二节　服装制作岗位与车间管理

舞台服装制作流程是根据每一个制作项目的共性制定的，它是指服装从设计阶段直到舞台呈现的整个过程，旨在对流程和工艺进行规范，因为服装制作的每一个细节，都必须有最终的艺术把关与质量控制，以保证艺术效果、产品质量符合剧目排演要求。对于一个服装制作项目，制作团队前期要充分了解服装设计师的设计理念及工艺要求，充分了解服装基础版型、款式、面料的加工工艺，其中，服装制作主管、项目主版师、项目监制要根据设计师的设计阐述及图纸做出专业的分析判断，并制定出服装制作工作计划；中期按照工作计划进行合成，制版专业进行制版及样衣的制作；后期，美工、刺绣、印染专业负责面料工艺打样，通过面料加工及调试，呈现样品与样衣，达到服装设计师认可的艺术效果。综上所述，制定科学合理的服装制作流程是对整个制作团队最重要的考验，因此也被称为服装的二度创作设计过程。

一、服装制作岗位

服装制作岗位主要有以下五个。

（一）服装制作主管

服装制作主管全面负责服装专业制作管理，负责服装车间制作各环节、各时间节点的进度控制，保证项目按期完成；负责项目服装制作方案的制定和修改，对不合理或存在隐患的服装制作方案提出意见或建议；负责服装车间制作的安全。

（二）服装制版师

服装制版师负责依照服装设计师的设计要求完成服装版型的制作；负责与服

装监制一起制定制作工艺流程，严格按照制作进度的安排完成服装制作；协助服装监制完成样衣试装及调试、成衣试装及调试；协助服装监制计算主要面料、辅料用量，协助服装制作主管把控技术人员的工作任务和质量要求；完成项目版型款式数据的整理及存档。

（三）服装美术师

服装美术师负责协助服装设计师完成服装、面料艺术效果（染、绣、印）处理，依照设计师对服装艺术效果的要求，制定效果制作工艺流程；负责工艺制作过程的质量把关，并对制作过程中发生的质量问题及时处理解决；完成项目工艺技术数据整理工作。

（四）服装缝纫技师

服装缝纫技师根据项目服装制作要求完成样衣缝制，根据服装制作流程完成成衣缝制工作，根据试装调试记录完成服装修改调试工作；负责工作现场环境维护及设备维护。

（五）车间管理

车间管理为服装制作方案提供设备技术支持，统计项目服装制作主要面料、辅料出入库数据及核算；对工作现场环境负责，严格按照车间管理制度执行；监督管理设备操作；记录统计设备工具领用及消耗情况。

二、服装车间设备配置

服装制作车间一般由九大功能分区组成，包括制版区、缝纫区、美工区、刺绣区、数码转印区、装饰做旧区、漂洗区、项目工作区、面辅料存储区。

①制版区用于服装制版、版型信息整理收集、制定工艺生产流程等工作，主要设备有 CAD 制版软件、扫版仪、喷墨切割一体机、制版电脑等。

②缝纫区用于样衣制作、成衣制作、手工装饰等工作，主要设备有各式电脑平缝机、熨烫设备、X 型手工制作桌。

③美工区用于电脑绘图、手绘图，主要设备有 LED 拓图台、绘图电脑。

④刺绣区用于服装面料的刺绣加工、饰品刺绣加工，主要设备有八头刺绣机、两头刺绣机。

⑤数码转印区用于服装面料图案转印，主要设备有数码热转印机、打印机、数码喷绘印花机。

⑥装饰做旧区用于服装艺术效果处理、工艺做旧、面料染色样品制作、鞋帽艺术效果处理等，主要设备有环保过滤器、吸风过滤罩＋吸取臂、移动过滤设备、常温染色机、烘干机、洗衣机等。

⑦漂洗区用于面料漂洗等，主要设备有脱水机、烘干机、洗衣机等。

⑧项目工作区用于服装设计师、项目监制、版师沟通方案之用，设有工作台、试装镜等。

⑨面辅料存储区用于常用服装面辅料的存储、出入库、项目消耗统计等工作，主要设备有卷布机、验布机、电脑工作站等。

三、服装监制阶段的工作流程

在服装制作的沟通会上，各方共同认可并衍生出"项目生产工艺单"，服装制作主管依据此单制定的生产工艺标准进行规划，确保各工艺环节的制作顺序合理、到位，生产工艺的形式及要求达到理想状态。

项目监制负责监督各工艺环节的操作规程和技术要求是否明确无误，核对特殊工艺加工要求是否得到准确执行。例如，在面料加工阶段，主要检查实际生产加工是否遵循规定的工艺流程，包括面料预缩水、染色、数码转印、刺绣等附加工艺是否按照样品规格制作。

主版师负责安排好出版排序，确保与缝纫专业的衔接顺畅。利用 CAD 电脑制版有助于保存和调用版型信息，同时减少样板的存放空间，但须注意备份样板文件，以防文件丢失。

缝纫是服装生产过程中的核心环节，涉及的工序、人员和设备众多，是质量控制的重点。项目监制应在生产现场和生产末端进行监督，定期巡查，抽查制作成品是否符合标准。初步完成缝纫的服装可以进行试装，试装后根据需要进行修改调试，并进行最终的装饰点缀和艺术效果处理。

在交付剧院服装管理专业用于排演前，还应对服装进行全面检验，确保产品质量和艺术效果满足设计要求，以保证服装在舞台上的表现达到预期效果。

（一）服装监制与设计师的沟通

服装设计师在读完剧本以后，要对剧中人物服装的风格有一个基本判断，再经过与导演的沟通确定服装风格。每一类型的剧目都有工艺实用性与表现性方面的需求，以至于影响面料、色彩选择及形态搭配，设计师要在充分了解的基础上与工厂制作方商榷最终制作方案与技术工艺，让最后的成品实现理想的舞台演出效果。

不同种类的舞台服装在设计上的要求各不相同。例如，舞蹈舞剧类服装多依照形象的抽象性、概括性、唯美性来设计，追求夸张、象征、装饰的表现风格。舞蹈中，演员要将动作做到位，服装的帮衬是极大的，所选的面料要有良好的性能，如轻薄、悬垂感好、有质感、抗延展等。在进行服装版型处理的过程中，要适应演员的身体条件进行设计，尽量把演员的身体优势凸显出来。舞蹈类服装设计追求灵动，以便在舞台上呈现理想的效果，在设计时会采取薄厚相称、软硬结合、粗细搭配的面料使用法则，必要时可以对面料进行再造处理，通过面料肌理的变化、混搭、叠变与重复，让服装具有特殊的表现力，变得更立体。又如，演艺服装的设计要考虑表演时演员与观众之间的距离，一般这种表演进行时都离观众比较远，因此为了让观众看清楚表演，服装的设计在保证演员活动量的基础上，要尽可能将廓形做得夸张一些。舞台服装的色彩设计要有色块感，色彩的饱和度也要达到较高的水平。话剧服装与真实生活中人们穿着的服装在样式上基本相同，设计师在设计前充分了解时代背景，对特定时代的着装文化进行考察，力求制作出与时代背景吻合的服装。歌剧服装有着独特的表演化色彩，又不像舞蹈服装那样需要配合较强的动作变化，而是更加关注表现歌剧复杂的人物性格、阶级身份及人物关系，这就使得歌剧服装在夸张与抽象程度方面较舞蹈服装要弱一些。戏曲服装是一类有着严谨程式的服装，这类服装色彩各异、图案夸张，特定的色彩与造型都有着对应的人物，指向性与内涵较为丰富，是长期经验积累的结果，短时间内无法创造出来，与其他服装相比，这类服装具有相对独立的文化属性。

（二）服装监制过程中的主要内容

服装制作工作主要在工厂进行，由服装监制按照服装设计师的设计方案，对材料和工艺进行选择，监测服装的艺术呈现走向，给服装的细节处理与装饰以适当的变更和调整。

1.服装材料的选择与处理

设计创意的实现离不开面料材质的支撑，面料作为服装的外层材料，构成服装设计的基本物质要素。任何服装的设计与制作，都要经过面料的选择、裁剪与缝制等工艺，以实现其功能性与美学价值。面料的种类、结构与性能，直接决定了服装的外观呈现效果。演员服装的面料，不仅体现了剧目的质感，亦对整体风格产生影响。这就要求服装设计师在考量设计概念与演员实际穿着效果的同时，预见舞台环境对服装表现的影响。

例如，《穿越德化街》这部作品的时代背景设定在民国时期的郑州德化街，它将舞台演出与电影戏剧元素巧妙结合，其中的每个角色都栩栩如生，带有浓厚的电影视觉效果。尤其值得称赞的是其服装设计，每一个细节都处理得非常细致。作品中的人物类型有戏剧人物、戏曲表演人物、民俗人物三种。戏剧人物主要有主角金银蝴蝶、民国时期的豫商和其他身份角色。这些人物的服装设计采用的是比较写实的服装面料，以传统大褂、西装等服装款式为基础实现相应的变化，体现特定时代背景下豫商的群像；戏曲表演人物主要是为再现德化街昔日繁华的景象，服装材质多为化纤类及其他反光效果较好的面料，并且特意跳出传统戏曲程式框架，进行适当的夸张处理，体现人物角色的特征；民俗人物主要是德化街的商贩，这部分人物服装的面料带有写实的质朴感，面料进行了压褶、抓皱等工艺处理，充分还原了历史场景中的人物形象。总的来说，《穿越德化街》的服装设计不仅在视觉上呈现了高度的写实性，而且在材质和工艺上充分考虑了舞台表演的需求，使得每个角色都生动饱满，为观众带来了一场视觉与情感的盛宴。

2. 色彩关系的调整

在服装设计过程中，为了实现预期的视觉效果，设计师在绘制服装效果图阶段已确立了色彩搭配方案，然而，在实际生产环节中，面料选择的局限性可能导致最终成品与预想的效果图存在差异。此时，设计师须依据设计图的整体效果，灵活调整面料的选择与色彩运用，以接近理想效果。服装的色彩对观众影响很大，不同的面料色彩组合不仅影响视觉体验，还能激发不同的情感反应与心理感受。在服装设计中，色彩的应用高度灵活，搭配方式变化多样，这无疑增加了色彩设计的复杂性和挑战性。因此，设计师在色彩选择与搭配上须具备较高的敏感度与技巧，以确保最终设计作品能够准确传达预期的情感与美学价值。

3. 工艺技术的调整与问题沟通

在完成效果图绘制与方案设计后，下一阶段便是工厂的制作阶段，此环节需要设计师与服装制作方紧密合作，确保细节得以沟通并实施服装的二次设计。尽管设计师在构思时已综合考虑了面料与技术工艺的选择，但实际生产过程中仍可能出现预期外的挑战，导致无法完全实现初始设计方案。此时，服装监制须及时将问题反馈给设计师，促使后者调整方案并进行工艺优化。制作流程中，技术人员之间的有效沟通至关重要，旨在将设计意图与服装功能性融入每个工序中。同时，技术人员亦应向设计师及监制提出制作过程中的问题与建议，这些反馈将作为设计迭代与改进的依据。舞台服装制作的全过程均需监制的积极参与，从工艺选择到装饰元素配置，所有步骤须围绕整体美术风格与剧目类型展开，以确保每一环节精准对接设计初衷，从而达到理想的设计目标。

（三）易出问题与解决办法

1. 样衣与效果图的差异

通常，成衣与服装效果图之间存在一定差异，成衣能够立体展示，直观呈现效果，演员穿着时，动作彰显服装之美。从设计图视角看，设计图与成衣出现差异的原因主要是效果图具抽象性，服装版型、比例及图案表达不甚清晰明确，导致样衣与效果图不一致。

效果图具有二维平面性，限制了服装立体款式版型的表达，有时，设计图通过放大某些效果，强调设计师的独特构思。故实际制作需综合考量服装体积与人体比例，调整设计图版型，使之适配并充分展示设计意图。

设计师的服装效果图中人体比例的设定理想化，直接依此制作样衣会导致服装与实际人体比例不协调。此外，考虑不同演员的个体差异至关重要。在大型演出中，演员多为临时邀请，其体型多样。为适应不同身材的演员，服装须进行个性化调整，以确保舞台呈现的专业性和艺术性。

2. 演出前服装的调整

一般在正式演出前，服装监制须陪同厂家专业团队至指定地点进行服装交接，此后安排演员试装。试装阶段面临的问题主要有两类：一是尺寸适配性问题，二是局部装饰的协调性问题，这些问题通常能在正式演出前通过适当的调整得以解决。新的演出服会让演员感觉有一些不适应，演员要多次在舞台上穿着演出服装，配合舞蹈动作，以便逐渐适应演出服装。若舞台表演对演员着装有特定要求，服装监制应与导演进行沟通，以确保在保持设计美学的同时，简化更衣流程，并最大程度地优化服装与表演效果。服装制作实为设计概念的再创造过程，其间，设计元素须不断调整至理想效果。为此，设计师应具备一定的沟通技巧及问题解决能力，以确保最终成品符合预期；还需要与导演及工厂技术团队密切协作，及时应对各类服装相关问题，以保障演出活动的顺利进行。

第六章

舞台服装的未来发展

　　随着时代的不断进步，未来的舞台服装将与虚拟技术、3D 打印技术、发光材料等充分结合，响应表演者动作或表演环境的变化，实现动态色彩变换和复杂图案展示，为观众带来前所未有的视觉震撼。同时，随着人们对可持续发展的重视，环保材料和循环利用的方式成为设计的关键考量，设计师们将深入探索舞台服装设计的可持续性和环保性。此外，数字化技术的发展也正在重塑舞台服装的设计与制作流程，其不仅能降低成本，还能简化制作流程、提升定制化水平，推动舞台服装设计向更加创新、绿色和高效的方向迈进。

第一节　舞台服装与科技的融合

科技是舞台制作的新动力，艺术呈现需要过硬的技术支持。近几年，各类高性能电脑式缝纫设备取代传统缝纫设备与手工作业已经是服装制作行业更新换代的趋势，人体三维扫描系统、智能仓储系统等新技术设备的运用更是加快了舞台服装制作技术革命的步伐。由于舞台服装具有制作时间紧、加工工艺复杂的特殊性，只有通过提高设备的自动化水平，才能提高工作效率以降低劳动成本。

一、舞台服装与虚拟现实技术的融合

（一）虚拟现实技术的概念

虚拟现实，又称虚拟实境或灵镜技术，源于英文 Virtual Reality（VR），是由美国 VPL Research 公司创始人之一拉尼尔于 1989 年提出来的。在此期间，计算机技术、传感器技术、数字多媒体技术等相关领域的飞速发展，为虚拟现实技术从价格上步下神坛、从功能上接近科幻、从应用上走入家庭创造了必要的条件。VR 技术、理论分析、科学实验已成为人类探索客观世界规律的三大手段。

虚拟现实技术的含义通常存在着广义与狭义的分别。狭义层面的虚拟现实技术指的是一种智能的人机界面或高端的人机接口，用户可通过视觉、听觉、触觉、嗅觉和味觉等看到彩色、立体的景象，聆听到虚拟环境里的声音，感知到虚拟环境反馈的作用力，由此形成一种身临其境之感；广义的虚拟现实技术是对虚拟景象或真实世界的模拟实现，通过电子技术模拟局部的客观世界，完美地再现使用者希望感受到的声、光、气、形等信息，并通过多种传感器接收使用者的多种反应，实现"虚拟环境—用户反应—环境变化—用户感受"的一系列人机交互过程，使用户沉浸在虚拟现实的环境中。

（二）虚拟现实技术对舞台服装设计产生的影响

虚拟现实技术具有较为鲜明的特征，如侵入性、仿真性、互动性等。将虚拟现实技术运用到舞台服装设计中，可以显著提升设计品质，产生更为多元的舞台服装设计成品。

第一，虚拟现实技术会影响舞台服装设计师的设计视角。虚拟现实技术使得舞台服装设计师不再只能从舞台服装正面、背面或侧面的某个单一视角完成设计工作，而能够从三维立体的角度观察与分析设计对象，更加充分地把握服装的特征与优势，从而确保舞台服装设计取得优异的效果。在舞台服装设计中运用虚拟现实技术，可以有效规避平面化舞台服装设计容易产生的问题，指引舞台服装设计师打破二维思想的束缚，构建起更加健全的观察分析模式，并且可以摆脱设计手法的制约，更有可能产生创意设计元素，使舞台服装设计师的想象力得到充分发挥，同时也为舞台服装造型设计的改良奠定了技术基础。

第二，虚拟现实技术能够较为显著地影响舞台服装设计师的设计手法，引导其运用更加丰富的设计要素制定设计方案，不但可以从舞台服装整体结构着手，也可以由局部设计着手，形成更为细致的设计模式，保证舞台服装设计内容的合理科学。舞台服装设计师可以从服装造型、色彩与面料组合形式等方面作出调整，设计出迥异的舞台服装设计成品，并对传统设计手法进行改良，形成更加丰富的造型效果。

第三，虚拟现实技术可以从舞台服装设计风格着手，更加充分地体现舞台服装设计师的设计态度，打破传统设计视角的束缚，提供更为多样的设计方式，打造出独特的设计风格。舞台服装设计师可以利用虚拟现实技术取得传统造型里不能实现的效果，从而产生强烈的设计意愿与激情，创造出更为丰富、更具创意的服装造型。

虚拟现实技术的运用可以打破平面展示处理模式的束缚，不再只是利用衣架展示服装，而是可以借助虚拟现实技术完成服装的动态处理，甚至能够在虚拟环境里打造虚拟仿真模特，基于用户的实际情况处理模特的数据，搭配动画、音乐等元素进行动态呈现，使用户体验到个性化色彩的舞台服装试穿服务，保证舞台服装作品的设计效果更符合实际需求。此外，利用虚拟现实技术还可以完成虚拟舞台表演，在缩减成本的同时，还能拓展业务范围。

（三）虚拟现实技术在舞台服装设计中的应用

基于虚拟现实技术的应用优势，将其应用在服装设计环节中，能在提升设计时效性的同时获取更加科学的效果，不仅能优化造型处理，还能完成虚拟产品设计等工作，一定程度上保证服装设计处理应用水平最优化。

将虚拟现实技术运用于舞台服装设计中，不仅可以显著缩减设计的用时，取得更加优良的效果，而且可以改良造型，这在很大程度上确保了舞台服装设计处理的水准。

1. 应用在造型处理环节

（1）完成三维造型

造型设计要使用合适的物质材料，根据审美要求，完成平面形象或立体形象的设计与处理。与传统二维平面设计模式相比，舞台服装设计师可以通过虚拟现实技术从不同的角度全面地观察与分析舞台服装的造型结构，不仅能够显著提升设计的精细程度，维持整体模型效果，也可以灵活观察舞台服装的俯视图与截面图，确保多元化设计效果是可以控制的。虚拟现实技术在造型处理环节可以最大程度发挥自身的作用，舞台设计师可以较为直观地把握模特穿着的情况，并根据相关问题践行优化的举措。

（2）支持整体造型的设计处理

舞台服装造型主要包括两个部分，分别是外部造型与内部造型。外部造型是指舞台服装完成设计后整体呈现出来的外部轮廓造型；内部造型则是指服装内部结构与个别零部件的造型。舞台服装设计师可以利用虚拟现实技术从不同角度展开分析，进而从整体的维度完成初步设计，接着再根据设计的具体要求精细化地处理细部，借助点、线、面以及整体造型相配合的分析机制，再结合虚拟现实分析体系，便可以实现舞台服装细节造型的优化，展现出更加优良的造型效果。

2. 应用在全过程设计管理环节

虚拟现实技术的应用能辅助设计人员对整个设计环节进行全程跟踪，对各个环节和设计内容进行处理，并且在组合拼接的过程中及时对各个组成环节予以优化调整。基础的服装设计环节包括效果图绘制、制版、工艺制作以及成衣试穿等，将虚拟现实技术应用在全过程设计体系中能对各个环节予以优化。

（1）应用在效果图绘制中

将虚拟现实技术应用在效果图绘制中，可以非常高效地完成图稿整体设计。值得注意的是，虚拟现实技术可以帮助舞台服装设计师处理配色，在建模时灵活切换面料颜色，生成多元化的色彩搭配方案，利用仿真性软件还可以进行交互式调整，为最后形成合理的面料与色彩搭配方案提供必要的参考依据。

（2）应用在制版中

将虚拟现实技术应用于舞台服装设计的制版环节，可以使舞台服装设计师在全方位虚拟分析环境里更加充分地把握设计的模式，确保设计效果的合理性，也可以维持整体设计效果。同时，虚拟现实技术还可以帮助设计师分析出最佳的服装面料设计效果。不同的面料往往具有不同的外观与质感，并且面料在很大程度上影响着舞台服装的气质。在传统舞台服装面料搭配过程中，主要借助面料小样展开比较，不能使整体效果展现出来，这便要求舞台服装设计师拥有丰富的面料知识储备与实际辨认经验。而利用虚拟现实技术，舞台服装设计师可以对照分析整体设计处理情况，在使用硬件完成检测以后输入相关参数，形成数字化资料合集，与模拟分析的过程相配合便可以取得整体的效果，节省制作成品的用时与资源，保证取得最为优异的设计效果，进而保障制版效果符合要求。

（3）应用在成衣试穿环节

在市场不断发展与欣荣的背景下，企业之间的竞争形势愈发严峻，怎样有效缩减项目生产成本成为热门的话题。在舞台服装设计环节，样衣制作需要消耗很多资金，为了让客户更好地接纳舞台服装，该环节又是不能忽视的。在此情况下，合理运用虚拟现实技术可以显著提高阶段性处理环节的水准。相比传统成衣试穿，利用虚拟现实技术能够实现模特的虚拟试穿，有效缩减了投入成本，简化了操作环节。将虚拟现实技术应用到成衣试穿环节中时，可以运用仿真分析技术，在对应设备里直接输入身体数据，实现虚拟模特的数据调整，并根据真人体型的特点开展具有针对性的工作，提升样板修改的可行性，实现虚拟现实技术下多元化舞台服装设计的升级。

综上所述，在市场竞争激烈的背景下，虚拟现实技术在舞台服装设计中的应用优势也愈发显著，应当基于革新发展需求合理升级工作，保证设计师立足设计思维，实现新技术环境下舞台服装设计工作的发展。

二、舞台服装与 3D 打印技术的融合

（一）3D 打印技术的概念

3D 打印技术属于快速成形技术的一种，它是一种以数字模型文件为基础，运用粉末状金属或塑料等可粘合材料，通过逐层堆叠累积的方式来构造物体的技术（即"积层造形法"）。3D 打印实际上是利用"光固化"和"纸层叠"等技术实现物体的快速成型。它与普通打印的工作原理基本相同，打印机内装有液体或粉末等打印材料，与电脑连接后，通过电脑控制把打印材料一层层叠加起来，最终把计算机上的蓝图变成实物。过去其常在模具制造、工业设计等领域被用于

制造模型,现逐渐用于一些产品的直接制造。特别是一些高价值应用(如飞机制造)已经有使用这种技术生产的零部件,意味着3D打印技术的普及。

(二)3D打印技术在舞台服装设计中的应用优势

1.生态环保

国际社会针对纺织服装制定了确切的生态环保指标,然而传统舞台服装生产工艺会使用大量影响服装安全性、生态性的助剂与整理剂等。采用3D打印技术打印舞台服装,则可以确保服装的生态环保。首先,3D打印技术采用的原材料大多能够降解。其次,产品是以程序化的形式完成加工,加工人员只须在舞台服装完成打印后予以组装、缝合或整理便可,生产环节得以缩减,降低了舞台服装生产时产生的危害。最后,大部分的废料能够回收利用,所以3D打印一次成型的技术在提高制衣效率的同时免去了服装打版、布料裁剪和缝合等工序,基本不会有废料产生,很大程度上减少了对环境的破坏。

2.减少材料浪费

3D打印是一种增材制造技术,它只在需要的地方添加材料,与传统的减材制造相比,可以显著减少材料的浪费。使用3D打印技术制作舞台服装,工艺流程明显缩短,可以实现设计制造的一体化,并能完成复杂制造工艺。此外,如果舞台服装出现损坏,可以非常便捷、高效地完成修补或替换,这也节省了修补舞台服装的成本。

3.设计自由度高

许多舞台服装设计理念受到技术条件的限制,很难真正实现。特别是运用传统服装加工工艺制作一些复杂设计显得非常困难。3D打印技术允许设计师设计出传统手工或机械方法难以实现的复杂结构和细节,极大地提升了设计的自由度,扩展了创意空间。

(三)3D打印技术在舞台服装设计中的应用

经过20多年的探索与积累,我国的3D打印技术已经取得了显著的进步。虽然与欧洲一些国家相比,我国的技术仍存在一定的差距,但这并不妨碍我国未来在该领域实现超越。与传统服装材料如棉、麻、丝相比,3D打印技术所采用的新型材料为舞台服装设计带来了全新的视觉和触觉体验。传统服装设计和生产流程烦琐,且受限于工艺和材料,往往难以完全展现设计师的创意。而3D打印技术的集成成型工艺，能够迅速完成从设计到成品的整个制作过程，极大地节约了原材料，并减少了因反复试制而造成的资源浪费。此外，3D 打印技术突破了传统造型和结构的限制，为设计师提供了极大的创作自由度，使得他们能够将丰富的想象力转化为现实。在舞台服装设计领域，3D 打印技术正逐渐成为一种创新潮流，它不仅为设计师提供了前所未有的创作空间，还为观众带来了前所未有的视觉盛宴。运用 3D 打印技术，设计师能够精确地制作出复杂和精细的结构，这些结构用传统制造方法可能难以实现或成本过高。设计师可以利用 3D 打印技术来创造独特的服装元素，如装饰品、配件和结构复杂的服装局部，从而为舞台艺术增添无限的创意和魅力。

三、舞台服装与发光材料的融合

（一）发光材料的概念

发光材料又称为"发光体"，是能够把从外界吸收的各种形式的能量转换为电磁辐射的一类功能材料。按照材料本身所属物质类别的不同，可将发光材料分为无机发光材料、有机发光材料和复合发光材料。按照发光物质吸收能量来源的不同，又可分为物理发光材料、机械发光材料、化学发光材料和生物发光材料。其中，物理发光材料可细分为气体发光材料、液体发光材料和固体发光材料，其中尤以固体发光材料最常见。按照发光原理不同，可将固体发光材料分为光致发光材料、电致发光材料、阴极射线发光材料、热释发光材料、光释发光材料、辐射发光材料、声致发光材料和应力发光材料等。

（二）发光材料应用于舞台服装设计的优势

1.显著降低了对舞台灯光、照明的依赖

当舞台服装使用了发光材料之后，不必借助舞台照明，舞台服装便会自行发光，而且舞台背景越黑暗，越可以衬托出舞台服装的闪耀。特别是在演员肢体动作繁多、运动幅度很大的节目里，发光服装更能彰显出节目的美感与独特性。

2.有利于吸引观众的注意力

使用发光材料制作的舞台服装必然更能吸引观众的注意力。当在一群穿着普通服装的演员中忽然出现一个发光的人物时，观众的目光一定会牢牢地锁定在他

（她）身上。这种通过发光服装凸显某个角色的方式，更能彰显出舞台表演的戏剧性。

（三）发光材料在舞台服装设计中的应用形式

1. LED 材料的应用

LED 材料是一种呈现为点状光的新型材料，它具有较高的亮度和明显的炫目感。运用 LED 发光材料设计舞台服装的形式十分多元。其一，由于 LED 和外部覆盖材料之间的距离是能够人为调节的，当两者之间的间距不同时，形成的光照效果也是不同的。与此同时，舞台服装面料本身的纹理、线条存在差异，当其和 LED 材料结合时，亦会使光照产生迥异的效果。其二，LED 发光点须借助特定的程序设定与电源开关才能完成对光照开启或熄灭的控制，这便使得发光服装能够更加灵活地配合舞台剧情的发展或音乐旋律的变化。但是对普通舞台服装设计师而言，这种专业性的技术存在着一定的使用难度。

2. 霓虹线材料的应用

霓虹线区别于 LED 的点状光，呈均匀的线状光。因为材料柔软度较高，运用到舞台服装设计中时能够更好地定型。作为线状发光材料，霓虹线不仅可以在服装剪裁过程中被设计师非常灵活地改变形状、实现拼接，还可以与诸如胶带、别针之类的辅助物结合起来使用，由此可见，霓虹线发光材料表现出十分优良的适用性。此外，霓虹线的使用技术门槛较低，舞台服装设计师可以简单、便捷地使用它。然而，电源是霓虹线发光不可或缺的部件，将霓虹线发光材料运用于舞台服装设计中时，霓虹线的长度依旧是不可忽视的制约因素。

3. 夜光纺织品、发光粉面料的应用

夜光纺织品是用稀土材料制造的夜光纤维按照不同的比例与结构编织起来的纺织物品。这类织物的显著特征是可以自行发光，染色或洗涤等操作也不会对其产生任何影响。与此同时，厚度、密度、纺织纹理不同，夜光纺织品的亮度也有区别。因为稀土材料自身表现出光衰减的属性，所以这类发光材料的亮度在最开始的一分钟内会由强变弱再趋于稳定。

发光粉主要是以涂料的形式运用到舞台服装设计中。一般情形下，发光粉涂料会以印花或者手绘等方式对舞台服装实施后期处理。值得注意的是，因为存在细度与黏合度不同的问题，使用发光粉时应当依据舞台服装原始面料的特性做出

合理的调整，必要时，可以添加颜料调和剂等物质，使发光涂料和舞台服装更加紧密地黏合起来。

第二节　可持续发展与环保性

随着文化艺术生活的日益丰富，舞台服装作为具有特殊功能的服饰，需求量也日益增长。然而，在各类舞台演出中使用的大量舞台服装，在演出结束后往往处于闲置状态，这不仅造成了资源的浪费，也对环境产生了潜在的不利影响。因此，对舞台服装可持续发展的研究变得尤为重要。环保和科技是当前和未来舞台服装设计制作的两大关键方向。绿色环保不仅是国际上的重要标准，也是人们努力追求的目标。建立一个环保优先的舞美制作体系是实现可持续发展的基础。在欧洲，许多著名剧院如巴黎歌剧院、法兰西喜剧院、意大利都灵剧院等，其舞美制作机构通常位于剧院附近，而这些剧院又位于城市的繁华区域。因此，针对舞美制作机构的环保标准极为严格。从建立严格的生产流程，到配备先进的环保过滤系统，再到使用环保型的制作材料、染料和胶粘剂，环保理念和意识贯穿整个行业的每一个环节。以国家大剧院为例，其服装制作车间根据自身需求，引进了先进可靠的内循环环保过滤设备，同时在装饰做旧区域安装了自主设计的顶吸式吸风罩，用于服装做旧喷色处理。此外，针对挥发性污染物，还配备了点式吸取臂以进行有效过滤。这些措施不仅提高了舞台服装的环保性，也体现了对可持续发展理念的深刻理解和实践。有了这些举措，舞台服装在展现艺术魅力的同时，也能够对环境负责，实现艺术与自然的和谐共生。

一、可持续发展理念

舞台服装的可持续发展理念贯穿设计、制作、使用和废弃的全过程，应采取环保和资源高效利用的措施，以减少对环境的负面影响。包括使用可回收材料或生物降解材料，优化生产流程以降低能源消耗，减少废物产生，以及鼓励服装的重复使用和循环再利用。此外，舞台服装设计应注重耐用性和多功能性，以延长其使用寿命，同时加强环保意识教育，提高公众对可持续发展的认识。通过实行这些措施，舞台服装不仅能够为观众提供视觉和情感上的享受，还能体现对环境和社会责任的尊重，推动整个舞台艺术行业向更加绿色、可持续的方向发展。

二、舞台服装的废置问题

舞台服装有一定的局限性，大部分舞台服装在演出结束后会被废弃或闲置。首先，舞台服装针对特定剧目而设计，剧目演出周期结束后，服装作为消耗品就会被闲置。有些装饰精美、制作成本高的服饰，如传统戏曲服饰，会被收回保存。戏曲服饰，尤其是传统戏曲的戏服一般选用真丝类材料制作，成本高，透气性好、光泽柔和，呈现的舞台效果好，但不宜保存，不便维护。有时储存不当，也不能再使用，只能直接丢弃。其次，有些舞台表演仅为一次性展现，却对服装设计的要求极高，具有高度个性化的元素。例如，一些综艺晚会中的舞台服装，为配合主题，往往具有夸张造型、鲜艳色彩及鲜明的个性化特征。这类服装通常无法重复使用，即便其品质上乘、保存状况良好，也难以预见其未来的适用场景。最后，舞台服装具备服务于表演的特殊性，与日常生活服装的差别较大。舞台服装作为剧中角色外在形象的体现，不再强调日常所需的合身、耐用与简约，而是通过艺术加工，强调角色在假定情境下的性格、身份与时代特征，追求超越日常生活的艺术效果。因此，这些服装并不适用于日常穿着，在完成演出后，往往面临着被闲置的命运。

三、舞台服装设计的可持续发展原则

舞台服装设计师在追求可持续发展的道路上，首先需要深入反思当前设计模式和生产流程中存在的问题，如资源浪费和环境污染等。基于此，设计师应转变设计思维，探索新的设计方向和路径，确保舞台服装从设计源头就具备可持续发展的动力。同时，对市场上的舞台服装进行追踪和记录，及时调整和优化设计，确保可持续设计的正确实施。

（一）再使用原则

再使用原则指的是舞台服装的设计应当多元化，具有可变性，材料尽可能具有耐磨、耐脏的特性，具体体现为充分开发舞台服装的使用功能，使演出的多重需求得到充分满足，延长舞台服装的生命周期，放缓舞台服装的更替速度。舞台服装的再使用不仅对材料的性能提出了很高的要求，舞台服装设计师还应当尽可能实现舞台服装结构与材料使用科学性之间的协调。

（二）减量化原则

减量化原则要求在设计和生产舞台服装时使用最少的原料和能源，以节约资源、减少污染。设计上要避免边角料的产生，生产上要科学利用自然资源，降低污染风险，减少能源消耗和废弃物产出。

（三）革新原则

革新原则指的是技术和方法的创新，审视往常设计、生产的经过，留存并健全科学合理的创新手段。在舞台服装可持续发展过程中，生产技术的革新发挥着至关重要的作用。工业革命带来了先进的纺织生产技术，然而也引发了环境污染问题，所以工业革命造成的环境问题，还需要利用技术革新进行解决。

（四）再设计原则

再设计原则鼓励设计师以全新的思维对现有物品或设计进行再创造，赋予其新的设计美感和使用价值。这通常涉及对过时服装的再设计，或对部分损坏但仍有使用功能的服装进行解构重组，赋予其新的功能和价值。

（五）再生产原则

再生产原则涉及反复进行的社会生产活动，是针对传统舞台服装设计的"取材 — 制造 — 废弃"的线性生产模式提出的解决路径和设计理念。再生产原则渗透在上述几项原则中，首先要求设计师在设计初始阶段便充分思索产品在产业链不同阶段再生产的可能；其次要求制造商承担起生产职责，对原料重复利用，构成闭合循环模式；再生产原则是实现前面几项原则的主要手段。[①]

四、舞台服装的可持续发展策略

（一）绿色低碳环保设计理念融入舞台服装设计

要实现舞台服装的可持续发展，从设计的根源上就要开始考虑。首先，最重

---

① 陶辉，王莹莹. 可持续服装设计方法与发展研究［J］. 服装学报，2021（3）.

要的是需要提高导演和舞台设计师旳绿色低碳环保意识。导演在服化道创意理念中就要融合可持续发展的观念，设计师从服装设计的角度可进一步开展可持续的环保理念设计。舞台服装可以假代真，服装材料可尽量选择环保材质，如天然环保面料毛、棉、丝、麻等；鉴于舞台服装的创意设计要求高于其对实用性的需求，对使用后无须保存再使用的服装，可选用环保可再生材料进行设计，以便进行原料的回收再利用。

（二）个性化舞台服饰的重构设计再利用

从保护和改善生态环境的角度看，资源的循环再利用可实现人类社会的可持续发展。将个性化舞台服饰进行拆解重构设计，既能增加资源的利用率，又能减少服装垃圾的产生，符合节能减排、循环再生的理念。对个人或者演艺团体来说，能处理部分闲置资源，减少空间浪费，提高舞台服装的使用率。从宏观角度来看，它能让一部分被闲置浪费的资源重新被利用起来，减少对自然生态环境的二次污染，在一定程度上促进人与自然和谐发展。

如果能将被废弃的舞台服装加以回收利用、进行设计再造，就能在一定程度上缓和舞台服装的低频率使用与可持续之间的冲突。通过对舞台旧衣进行拆解、改造、重构，不仅能减轻环境压力，也可能促进从事舞台服装可持续发展的新型设计职业出现。设计师可建立舞台服饰可持续发展工坊，收集个性化的舞台服饰，进行活态创新设计。从设计师的角度来讲，设计融入环保意识是一份社会责任，也是向社会传递更健康的生活方式。某些舞台演艺服装的改造可以满足人们对有特殊意义的服饰的情感依赖，可带给人们一种特殊的满足感、怀旧感和继承感。个性化舞台服装虽是过去式的演艺潮流，但将可再生的部分融入当下演艺风格并进行审美改造后，舞台服装必将焕发新生。重构设计再造的观念在某种程度上是最简单直接地实现可持续的方法。从这个方面入手，对被废弃闲置的舞台服装进行再设计，不失为实现舞台服装可持续发展的一种有效手段。

戏剧舞台服装作为一种特殊的服装艺术形式，探究其可持续发展的路径亦是为环保事业贡献一份力量。从舞台服装的设计角度考虑，导演和设计师要遵循绿色低碳发展理念，从设计创意初期就开始考虑服装材质、后期保存与延续使用等方面可持续的设计方法。经典剧目的舞台服装具有可传承性，要选择合理、科学的维护保养方法，妥善地收存和管理，保证其可以循环再利用。个性化的演艺服装可以进行拆卸、解构、重新设计，为舞台表演服务或进行活态新生的演艺。

第三节　舞台服装的数字化发展

一、数字化展示与虚拟试衣

数字化展示与虚拟试衣在舞台服装设计中的应用，可以极大地提升设计的效率和观众的体验。随着科技的不断发展，虚拟现实技术也逐渐渗透到戏剧舞台服装设计中。通过虚拟现实技术创建的数字化舞台可以将服装设计与虚拟背景、道具等元素融为一体，打破传统演出场地的限制。舞台服装设计师使用计算机辅助设计和三维建模软件，能够在数字平台上制作出逼真的服装模型，这为虚拟演出提供了更具创意和精确度的服装设计。

在舞台服装设计阶段，设计师可以利用 3D 建模软件创建服装的数字模型。这些模型可以详细展示服装的每一个细节，包括面料的质感、颜色和装饰。通过数字化展示，设计师能够更直观地评估设计的可行性，及时调整服装的比例和结构，甚至在虚拟环境中模拟服装在舞台灯光和背景下的效果。此外，数字化展示还可以用于向制作团队和投资者展示设计概念，从而获得必要的支持和资源。虚拟试衣技术则能在演员没有穿上实际服装的情况下，通过计算机或移动设备预览服装的外观。虚拟试衣可以让用户随时随地体验服装的样式和色彩搭配，甚至可以模拟服装在不同体型上的效果。在舞台服装设计中，该技术还为设计师提供了宝贵的反馈信息，帮助他们更好地满足观众的喜好和需求。

通过结合虚拟现实（VR）和增强现实（AR）技术，舞台服装的数字化展示可以进一步提升观众的互动体验。观众可以通过 VR 或 AR 应用，进入一个虚拟的舞台环境，亲自"试穿"不同的服装，体验成为演员的感觉，甚至与舞台上的演员进行虚拟互动。这种沉浸式的体验不仅增强了观众的参与感，也为设计师和制作团队提供了新的创意灵感。总之，数字化展示与虚拟试衣技术的应用，为舞台服装设计带来了革命性的变化。它们不仅提高了设计的效率和质量，还为观众提供了全新的互动体验，使舞台艺术更加生动和吸引人。随着技术的不断进步，可以期待这些数字化工具在未来发挥更大的作用，推动舞台服装设计和表演艺术的发展。

二、数字化设计工具的应用

数字化设计工具在舞台服装设计中的应用极大地提高了设计的效率和精确度，同时也为设计师提供了更多的创意空间。

（一）计算机辅助设计（CAD）软件

CAD 软件是舞台服装设计中不可或缺的工具，最初被广泛用于工程和制图领域，但随着技术的进步，现代 CAD 软件已经发展成多功能的设计工具，能够应用于各种设计领域，包括服装设计。CAD 软件最初被用于服装制版，它可以精确地创建服装的平面结构图。设计师可以利用 CAD 软件中的工具来绘制、修改和调整服装各个部分的数据，如领口形状、袖子长短、裙摆大小等。这些结构图可以被用来制作样衣或直接用于生产。许多现代 CAD 软件还提供 3D 模拟功能，允许设计师在虚拟环境中查看服装的三维效果。这有助于设计师更好地理解服装的结构和外观，以及思考如何在舞台上呈现。CAD 软件通常包含丰富的面料库和颜色选择工具，设计师可以利用这些工具为服装选择合适的面料和颜色。这不仅有助于设计的视觉化，还可以帮助设计师和制作团队更好地把握最终产品的外观。CAD 软件使得设计的迭代和修改变得快速和简单。设计师可以轻松地调整图案、改变尺寸或重新排列服装的各个部分，无须重新绘制整个设计。通过 CAD 软件，设计师可以生成样衣的裁剪图和制作指导，这有助于制作团队更准确地裁剪面料和缝制服装。对服装设计专业的学生来说，CAD 软件是一个实用的设计工具。它不仅可以帮助学生学习服装设计的基本原理，还可以让学生在实际操作中练习和提高技能。

（二）3D 建模和渲染软件

CLO3D 软件是当前服装设计领域应用率较高的 3D 服装虚拟仿真设计软件。该软件在服装设计专业教学中呈现出明显的优势，具有虚拟缝合、样板绘制等多样化的功能，有效避免了传统服装设计专业教学存在的问题。CLO3D 软件的操作界面包括三维虚拟展示窗口、纸样窗口两部分，可以对二维服装样纸进行展示，并借助三维动画的方式呈现服装虚拟效果，即在虚拟人体上呈现缝制好的成衣，将以往直观化的服装展示方式转变为三维立体化的方式，无须学生运用空间思维进行想象，降低了学生理解和学习的难度。该软件还支持学生联合运用 2 个窗口对服装版型进行调整，以及对二维服装结构的准确性进行检查，确保所设计的服装达到理想的合体效果（图6-1）。

　　服装虚拟设计是为了方便服装设计师将头脑中的构想通过虚拟技术在电脑上准确、快捷地呈现，不必通过样衣制作就能看到三维立体效果。因此，不仅可缩短生产周期、节约生产成本，使产品尽早进入市场，紧跟时尚潮流，还可保护设计的专利权，减少企业的风险。

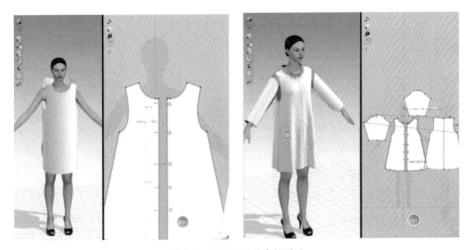

图6-1　CLO3D服装虚拟缝合

（三）数字印花和数码绣花技术

　　通过应用数字印花技术，设计者可以在计算机上直接设计和编辑图案，轻松地进行修改和调整，然后将这些图案直接打印到面料上。这不仅提高了设计的灵活性和效率，还可以创造出传统印花技术难以实现的复杂图案和色彩渐变效果。与传统印花技术相比，数字印花通常使用更少的水和化学染料，减少了对环境的污染。这项技术还可以减少材料浪费，因为图案是直接打印到面料上的，不需要额外裁剪和拼接。数字印花技术正在不断进步，它不仅改变了服装和面料设计的生产方式，也为设计师提供了更多的设计灵感和表达空间。随着技术的不断发展，可以预见数字印花技术将在未来的服装设计领域扮演更加重要的角色。此外，数码绣花技术的出现也为传统的刺绣工艺注入了新的活力。数码绣花不仅提高了绣花的精度和速度，还能帮助设计师将复杂的图案和细节直接转化为绣花，这为设计师创造出更具创意的绣花作品提供了更多可能性。

（四）虚拟现实（VR）和增强现实（AR）技术

虚拟现实（VR）系一种基于计算机三维图形技术构建的虚拟世界仿真系统，通过集成多信息源及传感器交互，实现动态视觉环境与沉浸式体验。沉浸感是指用户通过视觉、听觉、触觉感知虚拟环境的真实性，此效果通过穿戴设备如头盔、数据手套等与传感器接口的数据交互实现。增强现实（AR）则是一种实时计算相机位置与角度，并在此基础上叠加虚拟图像、视频或3D模型的技术，旨在让虚拟内容与现实世界互动，从而扩展人类的感知与表达能力。AR与VR之间存在关联与差异：AR是在VR基础上的发展，侧重于在现实世界中叠加虚拟元素，VR则完全构建一个虚拟世界，令用户沉浸其中。简而言之，AR将虚拟世界融入现实，VR则创造一个独立的虚拟现实环境供用户探索。

基于这一技术，虚拟仿真系统将平面与立体剪裁的优势集于一身，同时突破了各自局限，显著降低了辅助工具的成本。尤其在舞台服装管理中，通过构建虚拟服装库，能够精确地根据人体尺寸调整模型，从而实现资源的高效利用。考虑到舞台服饰种类多样、剪裁复杂的特点，三维服装模型库成为存储所有演出服饰及其对应裁剪版图的理想场所。借助虚拟现实技术创建的裁剪工作平台，实现了服装的交互式分解与组装，设计师通过反复实践，不仅能够熟练掌握舞台服装的剪裁技巧，还能在此基础上进行创新设计。通过整合三维服饰模型、配套剪裁图与结构图，设计师得以直观掌握各个剪裁片的具体位置，进而灵活调整其尺寸与形状。此方法不仅深化了设计师对舞台服装裁剪基础图的理解，亦为设计师提供了创新与个性化设计的空间。

当前，虚拟现实（VR）与增强现实（AR）技术的应用范围日益广泛，为不同产业的创新活动提供了广阔的空间。特别是在服装设计领域的教学中，其应用前景极为广阔，为传统教学模式带来了全新的变革路径。VR和AR技术的引入不仅有效降低了教学成本，而且显著减少了烦琐的制版和剪裁工作量，使得教学资源能够聚焦于培养学生的创新思维与设计能力，并在设计实践中发挥更加积极的作用。

（五）数字化样衣制作

在数字化时代，服装从创意到生产经历了显著的变革，降低了时间和人力成本。数字化工具的广泛应用使设计师能更高效地将创意转化为实际产品，从而在市场竞争中赢得更大的竞争优势。数字化工作流程的关键在于它能加速整个生产过程。传统的手工制图和纸质原型制作耗时费力，而数字化技术如CAD（计算机辅助设计）和3D建模能快速生成准确的设计图和样衣模型。这样，设计师可以在短时间内进行多次修改和调整，迅速优化设计。此外，数字化工作流程也能降低生产成本。数字模型可以直接用于生产工艺的优化和样衣的制作，不仅减少了人力和材料的浪费，还能提高制造的准确性。

数字化样衣制作技术如3D打印和激光切割可以快速制作出服装的样衣或部分组件。这些技术可以用于验证设计的可行性，调整服装的尺寸和结构，无须进行传统的手工裁剪和缝制。

（六）数字化协作平台

在数字化时代，设计团队可以借助各类数字化平台实现即时创意交流与反馈。不论成员分布于何处，皆可通过虚拟会议、在线协作软件与云端存储系统共享设计概念、草图及数字模型。数字化协作模式强化了团队成员间的互动，打破了时空界限，显著提升了设计流程的效率。此外，数字化平台赋予了设计师多元化的反馈渠道。借助虚拟原型与三维模拟技术，设计者能够直观展示其构想，促使团队成员深入理解并评估设计作品。这一反馈机制有助于及早识别潜在问题并实施改进措施，进而提升设计成品的质量。

三、数字化时代舞台服装设计面临的挑战与机遇

随着数字化技术的迅猛发展，设计师需要不断更新和提升自己的技能。从传统的手绘与纸样设计转向现代的计算机辅助设计（CAD）绘图、三维建模及虚拟试衣技术，设计师不仅需要掌握一系列先进的数字工具，还须在快速变化的技术环境中保持学习与适应能力，以满足市场日益增长的需求并应对创意挑战。这就要求设计师具备敏锐的自我更新意识，勇于挑战传统思维框架，积极探索和实践创新的设计方法与理念。进一步而言，数字化时代的设计师应展现出更强的跨学科整合能力，在与工程、编程等技术领域专家的合作中，协同创新已成为推动设计进步的关键驱动力。通过与不同专业背景人士开展有效沟通与协作，设计师能够产生更为多元化的创意火花，实现技术与美学的完美结合。然而，这种跨学科合作的成功与否，往往取决于设计师是否拥有跨领域的知识基础和高效的人际交往技巧，以及能否在团队中发挥桥梁作用，促进多学科知识的融合与创新。

同时，实现舞台服装设计的可持续发展已成当务之急，在数字化时代背景

下，这一理念愈发凸显关键性与紧迫性。设计师应聚焦环保材料的选择、绿色生产流程的优化以及循环经济模式的实践，将可持续性思维贯穿设计活动的始终。此举不仅能够有效减轻环境负担，亦能响应消费者日益增长的对环保的追求与期待。

在数字化时代背景下，舞台服装创意设计的范畴已深入融合了技术与创新，此现象不仅孕育出前所未有的机遇，亦伴随着挑战。借助数字化技术，设计师得以完成更为高效的创作、协作及生产流程，然而，这一技术亦引发了一系列问题，如加剧了版权保护以及技能更新的紧迫性。展望未来，技术的持续进步预示着设计师将面临更多的可能性与挑战。在此情境下，提升跨学科综合能力、完善持续学习机制、树立可持续发展意识、培养创新设计思维被视为设计师成长与适应变化的关键因素。

CLO3D 软件作为数字化设计工具的代表，凭借其卓越的仿真能力，不仅能够以三维立体的形式直观呈现服装的结构与穿着效果，还极大地简化了服装设计师的工作流程，提升了设计的创意性和效率。同时，CLO3D 的引入也革新了服装设计教育模式，使学生能够在模拟环境中实践设计技巧，增强创新能力和实际操作能力，有助于为行业培养更多高素质的专业人才。

在当前社会背景下，为了培养学生的创新创业能力，全面整合并深化服装虚拟软件在服装设计教育领域的应用已然成为推动教学改革与创新的关键举措之一。此举对于激活学生的创新潜能、显著提升其服装设计领域的创新能力具有深远的意义。通过将虚拟现实技术融入服装设计专业的课程体系中，学生得以在安全可控的环境中进行探索与实践，极大地激发了其创新意识，促进了思维的多元发展。借助服装虚拟软件，学生能够自主开展一系列创新活动，如针对特定角色的服装创作、面料与服装造型的创新实验、成衣搭配方案的探索以及服装结构与造型的革新尝试。这些活动不仅为学生提供了将创意概念转化为实际作品的机会，更有效地提升了他们的设计创新能力，为其未来在服装设计行业的职业生涯打下了坚实的基础。

在传统的舞台服装设计课程教学框架下，学生实际操作与实践的时间极为有限，引入服装虚拟软件则成功克服了此类障碍，学生得以将理论知识与实践操作紧密结合于平台之中，提高了知识运用能力、实践操作技能、问题识别与解决方案生成等关键能力。通过虚拟软件所提供的高级功能，如服装质感模拟、面料色彩呈现与模特动态展示等，学生能够更加便捷地掌握服装设计师所需的知识与技能。服装虚拟软件在服装设计专业实践训练中扮演着核心角色，为学生提供了丰富的实践机会，使其能够熟练掌握满足实际工作需求的技术与技能。同时，该软件极大地推动了服装设计专业理论教学与实践教学的有效融合，显著提升了课程的教学质量和水平。在学习过程中，学生灵活运用虚拟软件，不仅能够优化从样版制作至成衣缝制的流程，还能实现对服装效果的直观分析与即时调整，从而显著缩短样板验证周期，确保了实践学习的效果与效率。

由于舞台服装设计专业课程具有较强的实践性，教师在讲解理论的过程中，可以配合软件功能操作，将服装制版过程、样板动态化移动等知识教授给学生，方便学生快速掌握教学重难点，降低学生的学习难度，使服装设计专业课程教学效率大大提升。

近年来，舞台艺术创作人员在不断地探索新的演出形式，致力于探索出新的演绎形态，让演出的沉浸感得到充分体现。舞台服装作为演出的主要组成部分，其数字化发展为设计师提供了更多创新的可能性，使得舞台表演在视觉、感官和技术层面都能够取得巨大突破。展望未来，科技的持续革新将引领舞台服装设计迈向新的领域，缔造出更加令人着迷的艺术表现形式。舞台服装与虚拟现实的结合不仅打破了传统表演的界限，也为设计者与执行者开辟了实验与表达的新天地，同时为观众提供了丰富多样的参与及体验途径。这一趋势有望随着技术的不断发展而进一步扩大。

附 录

舞台服装效果图

图 1　村民角色服装效果图（2017 级霍宝柱）

图 2　士兵服装效果图展示 1（2017 级彭欣）

图 3　士兵服装效果图 2（2017 级姜李文慧）

图 4　女村民服装效果图（2017 级周燕燕）

图 5　话剧《日出》舞台服装设计（王格格）

图 6　白蛇服装设计图　　　　图 7　许仙服装设计图

立体剪裁作品欣赏

图 8　立体剪裁作品（一）

图 9　立体剪裁作品（二）

图 10　立体剪裁作品（三）

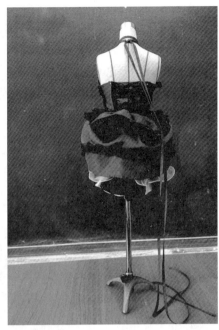

图 11　立体剪裁作品（四）

图 12　立体剪裁作品（五）

汉服欣赏

图 13　汉服欣赏（一）

图 14　汉服欣赏（二）

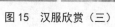

图 15　汉服欣赏（三）

图 16　汉服欣赏（四）

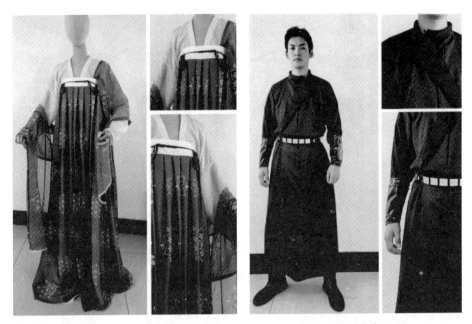

图 17　汉服欣赏（五）　　　　　　　图 18　汉服欣赏（六）

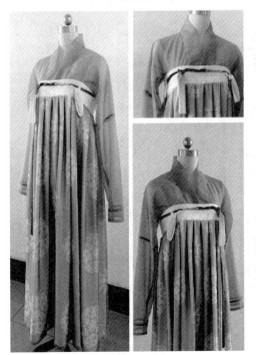

图 19　汉服欣赏（七）　　　　　　图 20　汉服欣赏（八）

图 21　汉服欣赏（九）　　　　　图 22　汉服欣赏（十）

图 23　汉服欣赏（十一）　　　　图 24　汉服欣赏（十二）

图 25　汉服欣赏（十三）　　　图 26　汉服欣赏（十四）

图 27　汉服欣赏（十五）　　　图 28　汉服欣赏（十六）

演出剧照

图 29　毕业话剧展演《渭华回响》服装剧照（霍宝柱）

图 30　毕业展演《旅人》服装剧照

图 31　话剧《白鹿原》服装设计（孙卓）

图 32　话剧《风雪夜归人》服装设计（吴立涵）

图 33　唐代《捣练图》服装设计（姜雨辰、施以辰、同家瑶）

图 34　古风短剧表演服装设计（蔡自敏）

图 35　话剧《青蛇》服装设计（李品萱）

参考文献

[1] 陈红霞.美国立体剪裁与打版实例：裙裤篇 [M].北京：化学工业出版社，2017.

[2] 陈红霞.美国立体剪裁与打版实例：上衣篇 [M].北京：化学工业出版社，2017.

[3] 周晓鸣.时装创意设计 [M].上海：上海人民美术出版社，2016.

[4] 凌雅丽.创意服装设计 [M].上海：上海人民美术出版社，2015.

[5] 尚品荟.丝带绣基础入门 [M].上海：东华大学出版社，2014.

[6] 况敏.服装立体剪裁 [M].北京：北京大学出版社，2014.

[7] 吴丽华.礼服的设计与立体造型 [M].北京：中国轻工业出版社，2014.

[8] 康妮·阿曼达·克劳福德.国际服装立体剪裁设计：美国经典立体剪裁技法基础篇/提高篇 [M].周莉，译.北京：中国纺织出版社，2013.

[9] 刘锋.立体剪裁实训教材 [M].北京：中国纺织出版社，2012.

[10] 朱秀丽，郭建南.成衣立体剪裁：构成与应用 [M].北京：中国纺织出版社，2012.

[11] 梁明玉.创意服装设计学 [M].重庆：西南师范大学出版社，2011.

[12] 陈莹，李春晓，梁雪.艺术设计创造性思维训练 [M].北京：中国纺织出版社，2010.

[13] 齐静.演艺服装设计：舞台影视美术实用技巧 [M].沈阳：辽宁美术出版社，2010.

[14] 黄嘉.创意服装设计 [M].重庆：西南师范大学出版社，2009.

[15] 琼斯.时装设计 [M].张翎，译.北京：中国纺织出版社，2009.

[16] 肖琼琼.创意服装设计 [M].长沙：中南大学出版社，2008.

[17] 张祖芳.服装立体剪裁 [M].上海：上海人民美术出版社，2007.

[18] 刘咏梅.服装立体剪裁：基础篇 [M].上海：东华大学出版社，2006.

[19] 杨永庆.服装设计 [M].北京：中国轻工业出版社，2006.

[20] 李当岐.西洋服装史 [M].北京：高等教育出版社，2005.

[21] 刘晓刚，崔玉梅.基础服装设计 [M].上海：东华大学出版社，2005.

[22] 张玲.服装业概述 [M].北京：中国纺织出版社，2005.

[23] 高秀明，刘晓刚.新娘婚纱 [M].上海：上海科学技术文献出版社，2004.

[24] 张文彬.服装立体剪裁 [M].北京：中国纺织出版社，2004.

[25] 吴胜春，吴巧英.品牌服装设计中立体剪裁的应用 [J].山东纺织科技，2004（3）：33-35.

[26] 刘元凤.服装设计教程 [M].杭州：中国美术学院出版社，2002.

[27] 胡小平.现代服装设计创意与表现 [M].西安：西安交通大学出版社，2001.

[28] 鲁闽.服装设计基础 [M].杭州：中国美术学院出版社，2001.

[29] 祝煜明，黄国芬.名师时装立体剪裁 [M].杭州：浙江科学技术出版社，2001.

[30] 张文彬.服装工艺学：结构设计分册 [M].北京：中国纺织出版社，2001.

[31] 郑巨欣.世界服装史 [M].杭州：浙江摄影出版社，2000.

[32] 张竞琼，蔡毅.中外服装史对览 [M].北京：中国纺织大学出版社，2000.

[33] 韩春启.舞蹈服装设计教程 [M].上海：上海音乐出版社，2004.

[34] 韩春启.戏剧人物服装设计：韩春启舞台作品精选 [M].北京：中国纺织出版社，2016.

[35] 张琬麟，韩春启.中国舞蹈服饰设计师 [M].北京：文化艺术出版社，2008.

[36] 潘健华.舞台服装设计与技术 [M].北京：文化艺术出版社，2000.

后　记

在戏剧舞台艺术中，服装扮演着至关重要的角色。作为设计师，必须具备广泛的知识储备，以便在未来的创作中灵活运用。舞台服装设计是一门实践性极强的课程，注重培养学生的综合能力。设计师需要掌握的不仅是技术手段，还要结合广泛的知识来提升创作能力。

由于课时的限制，专业课程往往难以同时做到深入和全面。以往的服装设计教学常常过分强调效果图的绘制，而忽视了设计与制作的紧密联系。实际上，效果图只是创意表现的一种技能训练，服装设计的真正价值在于成品的展示。因此，设计与制作必须紧密结合，否则就变成了空洞的理论。

为了优化课程内容，提高学生的创造能力，教师应灵活运用各项技术为服装造型设计服务，加强舞台服装与其他课程之间的衔接，以达到更好的教学效果。

为了使服装设计课程更加合理和规范，应融入"理论＋实践"的教学思想。在有限的课时内，要想熟练掌握工艺技巧，学生需要在课余时间加强练习。教师也要激发学生对服装工艺的热爱，引导他们走进设计和制作的多彩世界。

在设计方案确立前期，教师应指导学生进行打版练习，学会选择合适的材料，直至完成1∶1的服装成型实物。在大作业课题中，应对服装类型、成本价格进行限制，包括面料、辅料与耗时等。完成实物设计后，学生应掌握从设计到成品的整个制作流程，并对服装的成本有基本的了解。这有助于优化服装设计，满足舞台演出的实际需求。

　　本书在撰写过程中使用了本院戏剧影视美术设计专业 2018—2021 级学生的服装作品照片，在此表示衷心的感谢。由于研究和编写时间的限制，书中难免存在不足之处，恳请各位同人和读者批评指正。

2024 年 5 月